Environmental

节能
从你我做起

吴波◎编著

中国出版集团
现代出版社

图书在版编目（CIP）数据

节能从你我做起／吴波编著．—北京：现代出版社，2012.12 （2024.12重印）

（环境保护生活伴我行）

ISBN 978－7－5143－0957－7

Ⅰ．①节…Ⅱ．①吴…Ⅲ．①节能－青年读物②节能－少年读物Ⅳ．①TK01－49

中国版本图书馆 CIP 数据核字（2012）第 275460 号

节能从你我做起

编　著	吴　波
责任编辑	张　晶
出版发行	现代出版社
地　址	北京市朝阳区安外安华里 504 号
邮政编码	100011
电　话	010－64267325　010－64245264（兼传真）
网　址	www. xdcbs. com
电子信箱	xiandai@ cnpitc. com. cn
印　刷	唐山富达印务有限公司
开　本	710mm×1000mm　1/16
印　张	12
版　次	2013 年 1 月第 1 版　2024 年 12 月第 4 次印刷
书　号	ISBN 978－7－5143－0957－7
定　价	57.00 元

前　言

　　能源，包括煤炭、石油、天然气这三大化石燃料，同时也包括水能、核能、风能、太阳能、地热能、生物质能等一次能源和电力、热力二次能源，以及其他新能源和可再生能源。能源是人类活动的物质基础。在一定程度上，人类社会的发展离不开优质能源的出现和先进能源技术的使用。在当今世界，能源的发展，能源和环境，是全世界、全人类共同关心的问题，也是我国社会经济发展的重要问题。

　　节能减排和环境保护成为当今时代全世界共同关注的话题。特别是在人类面临煤炭、石油资源枯竭，新能源开发利用缓慢，能源危机日益严重和生态环境遭到严重破坏的形式下，节约能源就显得尤为重要。节能对于整个人类社会来说，是人类可持续发展的必然选择。

　　随着全社会对节能及环保的重视，如何在日常生活中节能成为了普通大众关注的焦点。在本书中，作者从衣食住行的各个方面向普通大众提供了节能、节水的巧招妙计。另外，本书也介绍了很多新能源、新燃料和其他环保常识，用浅显的语言为读者了解最前沿的环保能源知识提供了很好的途径。

目 录

能源危机和节能减排

低碳与节能

日常生活中的节能知识

能源危机和节能减排

NENGYUAN WEIJI HE JIENENG JIANPAI

　　20 世纪 50 年代以后，由于石油危机的爆发，对世界经济造成巨大影响，国际舆论开始关注起世界"能源危机"问题。许多人甚至预言：世界石油资源将要枯竭，能源危机将是不可避免的。如果不做出重大努力去利用和开发各种能源资源，那么人类在不久的未来将会面临能源短缺的严重问题。

　　世界能源危机是人为造成的能源短缺。石油资源将会在一代人的时间内枯竭。它的蕴藏量不是无限的，容易开采和利用的储量已经不多，剩余储量的开发难度越来越大，到一定限度就会失去继续开采的价值。在世界能源消费以石油为主导的条件下，如果能源消费结构不改变，就会发生能源危机。煤炭资源虽比石油多，但也不是取之不尽的。代替石油的其他能源资源，除了煤炭之外，能够大规模利用的还很少。太阳能虽然用之不竭，但代价太高，并且在一代人的时间里不可能迅速发展和广泛使用。其他新能源也如是。因此，人类必须估计到，非再生矿物能源资源枯竭可能带来的危机，从而将注意力转移到传统能源的合理使用和新的能源结构上，一方面大力提高能源使用效率，另一方面尽早探索、研究开发利用新能源资源。否则，就可能因为向大自然索取过多而造成严重的后果，以致使人类自身的生存受到威胁。

什么是能源

物质、能量和信息是构成自然社会的基本要素。

煤 炭

"能源"这一术语，过去人们谈论得很少，正是两次石油危机使它成了人们议论的热点。能源是整个世界发展和经济增长的最基本的驱动力，是人类赖以生存的基础。自工业革命以来，能源安全问题就开始出现。在全球经济高速发展的今天，国际能源安全已上升到了国家的高度，各国都制定了以能源供应安全为核心的能源政策。在此后的二十多年里，在稳定能源供应的支持下，世界经济规模取得了较大增长。

那么，究竟什么是"能源"呢？关于能源的定义，目前约有 20 种。例如：《科学技术百科全书》说："能源是可从其获得热、光和动力之类能量的资源。"《大英百科全书》说："能源是一个包括着所有燃料、流水、阳光和风的术语，人类用适当的转换手段便可让它为自己提供所需的能量。"《日本大百科全书》说："在各种生产活动中，我们利用热能、机械能、光能、电能等来做功，可利用来作为这些能量源泉的自然界中的各种载体，称为能源。"我国的《能源百科全书》说："能源是可以直接或经转换提供人

石 油

类所需的光、热、动力等任一形式能量的载能体资源。"可见，能源是一种呈多种形式的，且可以相互转换的能量的源泉。确切而简单地说，能源是自然界中能为人类提供某种形式能量的物质资源。

能源亦称能量资源或能源资源。是指可产生各种能量（如热量、电能、光能和机械能等）或可做功的物质的统称。是指能够直接取得或者通过加工、转换而取得有用能的各种资源，包括煤炭、原油、天然气、煤层气、水能、核能、风能、太阳能、地

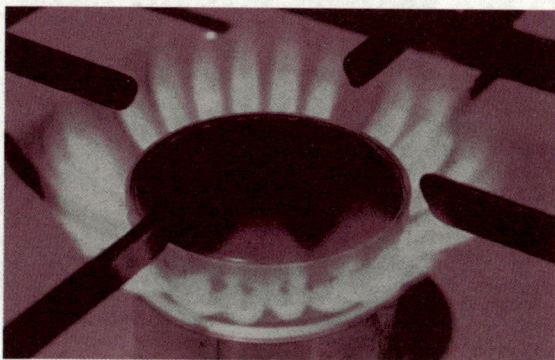

天然气

热能、生物质能等一次能源和电力、热力、成品油等二次能源，以及其他新能源和可再生能源。

电 能

世界能源委员会推荐的能源类型分为：固体燃料、液体燃料、气体燃料、水能、电能、太阳能、生物质能、风能、核能、海洋能和地热能。其中，前三个类型统称化石燃料或化石能源。已被人类认识的上述能源，在一定条件下可以转换为人们所需的某种形式的能量。

比如薪柴和煤炭，把它们加热到一定温度，它们能和空气中的氧气化合并放出大量的热能。我们可以用热来取暖、做饭或制冷，也可以用热来产生蒸汽，用蒸汽推动汽轮机，使热能变成机械能；也可以用汽轮机带动发电机，使机械能变成电能；如果把电送到工厂、企业、机关、农牧林区和住户，它又可以转换成机械能、光能或热能。

风 能

再生能源和非再生能源

凡是可以不断得到补充或能在较短周期内再产生的能源称为再生能源，反之称为非再生能源。风能、水能、海洋能、潮汐能、太阳能和生物质能等是可再生能源；煤、石油和天然气等是非再生能源。地热能基本上是非再生能源，但从地球内部巨大的蕴藏量来看，又具有再生的性质。核能的新发展将使核燃料循环而具有增殖的性质。核聚变的能比核裂变的能可高出 5~10 倍，核聚变最合适的燃料重氢（氘）又大量地存在于海水中，可谓"取之不尽，用之不竭"。核能是未来能源系统的支柱之一。

➤➤➤ 知识点

核聚变

核聚变是指由质量小的原子，主要是指氘或氚，在一定条件下（如超高温和高压），发生原子核互相聚合作用，生成新的质量更重的原子核，并伴随着巨大的能量释放的一种核反应形式。原子核中蕴藏着巨大的能量，原子核的变化（从一种原子核变化为另外一种原子核）往往伴随着能量的释放。如果是由重的原子核变化为轻的原子核，叫核裂变，如原子弹爆炸；如果是由轻的原子核变化为重的原子核，叫核聚变，如太阳发光发热的能量来源。

延伸阅读

中国能源消费年均增长6.6%供需矛盾缓解

国家发改委称，"十一五"期间（2006—2010）中国以能源消费年均6.6%的增速支撑了国民经济年均11.2%的增速，能源消费弹性系数由"十五"时期（2001—2005）的1.04下降到0.59，能源供需矛盾有所缓解。

在中国能源消耗中，工业消耗的能源占70%。据中国社会科学院课题组测算，中国在2018年前后将基本实现工业化和城市化，届时能源消费需求才有可能放缓。在此之前，由于重工业发展比重大，高耗能产业大量存在，节能技术的利用尚需过程等因素，工业发展对能源的需求还将很大，再加上城市化的发展和民众生活水平的提高，中国对能源的需求将一直处于高增长期。

相较于旺盛的需求，中国资源供给明显不足，人均拥有量远低于世界平均水平。为缓解供需矛盾，确保能源安全，在扩大供给的同时，中国政府近年来在降低消耗方面也采取了诸多措施。除了推动节能技术应用外，官方还加快了推动淘汰落后产能的步伐。各地大量关停小火电机组，一大批造纸、化工、纺织、印染、酒精、味精、柠檬酸等重污染企业被关闭。

发改委表示，2006—2010年间，中国节能减排取得显著成效，扭转了工业化、城镇化加快发展阶段能源消耗强度和污染物排放大幅上升的势头。

数据显示，"十五"后三年，中国单位GDP能耗上升了9.8%，二氧化硫和化学需氧量排放总量分别上升了32.3%和3.5%。在"十一五"期间，全国单位 GDP 能耗下降了 19.1%，二氧化硫和化学需氧量排放总量分别下降了 14.29% 和 12.45%。通过节能，五年间中国共提高能效少消耗能源 6.3 亿吨标准煤，减少二氧化碳排放 14.6 亿吨。

世界能源形势严峻

据 IEA 发布的《世界能源展望 2008》预测，从 2006—2030 年世界一次能源需求从 117.3 亿吨油当量增长到了 170.1 亿吨油当量，增长了 45%，平均每年增长 1.6%。全球能源需求的增长率比《世界能源展望 2007》预测的要低一些，主要是由于全球能源价格上涨和经济增长放缓（特别是 OECD 国家）。到 2030 年化石燃料占世界一次能源构成的 80%，比目前略低一些。虽然从绝对值上来看，煤炭需求的增长超过任何其他燃料，但石油仍是最主要的燃料。据估计，2006 年城市的能源消耗达 79 亿吨油当量，占全球能源总消耗量的三分之二，这一比例将会在 2030 年上升至四分之三。

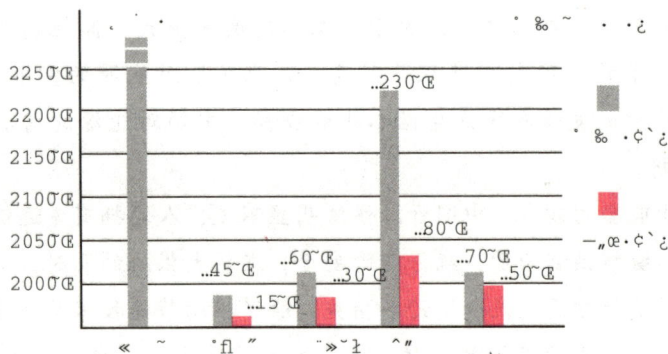

世界能源状况

由于中国和印度的经济持续强劲增长，在 2006—2030 年期间，其一次能源需求的增长将占世界一次能源总需求增长量的一半以上。中东国家占全球增长量的 11%，增强了其作为一个重要的能源需求中心的地位。总的来说，非经合组织国家占总增长量的 87%。因此，它们占世界一次能源需求比例从 51% 上升至 62%，它们的能源消费量超过经合组织成员国 2005 年的消费量。

全球石油需求（生物燃料除外）平均每年上升 1%，从 2007 年 8500 万桶/日增加到 2030 年 1.06 亿桶/日。然而，其占世界能源消费的份额从 34% 下降到 30%。与去年的《展望》相比，2030 年石油需求有所下调，下降了 1000 万桶/日，这主要反映了较高的价格和略为放缓的 GDP 增长以及去年以来政府实行的新政策所带来的影响。所有预测中世界石油需求的增长都主要源于非经合组织国家（五分之四以上的增长量来自中国、印度和中东地区），经合组织（OECD）成员国石油需求略有下降，主要是因为非运输行业石油需求的减少。全球天然气需求的增长更加迅速，以 1.8% 的速度递增，在能源需求总额中所占比例略微上升至 22%。天然气消费量的增长大部分来自发电行业。世界煤炭需求量平均每年增长 2%，其在全球能源需求量中的份额从 2006 年的 26% 攀升至 2030 年的 29%。其中，全球煤炭消费增加的 85%，主要来自中国和印度的电力行业。在《展望》预测期内，核电在一次能源需求中所占比例略有下降，从目前的 6% 下降到 2030 年的 5%（其发电量比例从 15% 下降到 10%），这与我们不期待在此情景中政府改变其政策的惯例是一致的，虽然最近对核电的兴趣有了复苏的迹象。尽管如此，除经合组织欧洲区外，世界主要地区的核发电量将在绝对值上有所增长。

现代可再生能源技术发展极为迅速，将于 2010 年后不久超过天然气，成为仅次于煤炭的第二大电力燃料。可再生能源的成本随着技术的成熟应用而降低，假设化石燃料的价格上涨以及有力的政策支持为可再生能源行业提供了一个机会，使其摆脱依赖于补贴的局面，并推动新兴技术进入主流。在本期预测中，风能、太阳能、地热能、潮汐和海浪能等非水电可再生能源（生物质能除外）的增长速度为 7.2%，超过任何其他能源的全球年均增长速度。电力行业对可再生能源的利用占大部分的增长。非水电可再生能源在总发电量所占比例从 2006 年的 1% 增长到 2030 年的 4%。尽管水电产量增加，但其电力的份额下降两个百分点至 14%。经合组织国家可再生能源发电的增长量超过化石燃料和核发电量增长的总和。

知识点

经合组织

"经合组织"全称"经济合作与发展组织"（Organization for Economic Co-operation and Development，缩写OECD），是由30多个市场经济国家组成的政府间国际经济组织，旨在共同应对全球化带来的经济、社会和政府治理等方面的挑战，并把握全球化带来的机遇。

经合组织的前身是欧洲经济合作组织（OEEC）。该组织在美国和加拿大的支持下建于1947年，目的是协调二战后重建欧洲的马歇尔计划。作为北约组织的经济对应体而创建的经合组织在1961年取代了欧洲经济合作组织。OECD成立条约是于1960年12月14日在巴黎签署的。该条约附有多项关于组织特权、豁免权以及欧盟在OECD地位的补充协议。目前成员国总数34个，总部设在巴黎。

延伸阅读

巴西打造生物能源大国

巴西可再生能源占全国能源的比例高达44.7%，而全球平均仅为13.3%。巴西的可再生能源主要是乙醇和水力发电，其中乙醇的比重日益提高。

据巴西矿产能源部公布的资料，2005年甘蔗能源在全国所产2.186亿吨石油当量能源中占了13.9%。目前，生物能源已成为巴西第三大能源。超过水能和电能跃升为巴西的第二大能源。

自1973年至今，巴西生物能源的产量增加了744.4%，从360万吨石油当量增加到3040万吨石油当量，年均增长21.3%。巴西发展乙醇燃料潜力巨大，目前甘蔗种植面积为590万公顷，乙醇产量为180亿升，未来10年内甘蔗种植面积预计可翻番。巴西通过遗传技术培育出早熟甘蔗新品种，延长了甘蔗收割期，从而提高了蒸馏厂设备利用率，开工期由过去的每年六七个月增至10个月。

鉴于巴西是世界少有的可以低成本生产乙醇的国家，发达国家对在巴西参与乙醇开发表示了浓厚的兴趣。日本国际合作银行将提供6亿多美元资助巴西生产甘蔗乙醇，通过与日本的合作，巴西乙醇年产量可增加30亿升。荷兰一家企业同巴西企业联合建立5000万欧元的投资基金，未来三年内将达到5亿欧元，用于资助在巴西开发甘蔗乙醇等生物能源项目。

巴西五年前开始推行"乙醇–汽油"双燃料汽车，又称弹性燃料汽车，在石油价格居高不下的情况下，使用乙醇燃料越来越显示出价格优势。2005年，巴西乙醇价格平均为汽油的53%，这使消费者大大节省了开支。双燃料车日益走俏，需求强劲。全国目前出厂的新车大约三分之二以上为双燃料车，巴西现有双燃料车130万辆，且以每月新增10万辆的速度累积。巴西全国自动车辆生产商协会的资料显示，2005年双燃料车销售量大约增加了70%以上，其销量首次超过了汽油汽车。

巴西还实行生物柴油计划，即在现成柴油中添加2%的生物柴油，政府规定，到2008年将强制性实施这一措施，到2013年再将添加比例扩大到5%。鉴于石油价格仍在攀升，而且在建中的十几家生物柴油厂工程进展迅速，政府开始研究把上述目标提前实现的可能性。

巴西石油公司已开发出一种在柴油中加入10%植物油的新型混合燃料H–Bio。这一新燃料的技术创新之处，是在原油提炼过程中往柴油中添加植物油，新工艺确保成品燃料中的硫黄含量大幅度降低。因此，H–Bio不仅价格比常规柴油便宜，而且较少污染。新型生物柴油质地优良，以致目前所有柴油车辆无须任何改装就可以改用这种新燃料。

能源危机日益凸显

由于石油、煤炭等目前大量使用的传统化石能源枯竭，同时新的能源生产供应体系又未能建立而在交通运输、金融业、工商业等方面造成的一系列问题统称能源危机。

根据经济学家和科学家的普遍估计，到本世纪中叶，也即 2050 年左右，石油资源将会开采殆尽，其价格升到很高，不适于大众化普及应用的时候，如果新的能源体系尚未建立，能源危机将席卷全球，尤以欧美极大依赖于石油资源的发达国家受害为重。最严重的状态，莫过于工业大幅度萎缩，甚至因为抢占剩余的石油资源而引发战争。

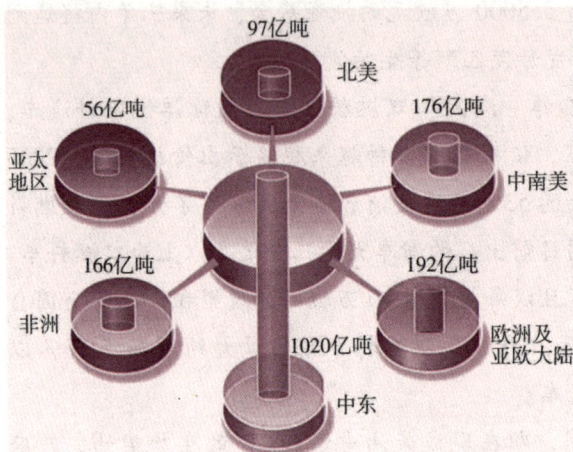

97亿吨
北美

56亿吨
亚太地区

176亿吨
中南美

166亿吨
非洲

192亿吨
欧洲及亚欧大陆

1020亿吨
中东

世界石油探明储量分区

为了避免上述窘境，目前美国、加拿大、日本、欧盟等都在积极开发如太阳能、风能、海洋能（包括潮汐能和波浪能）等可再生新能源，或者将注意力转向海底可燃冰（水合天然气）等新的化石能源。同时，氢气、甲醇等燃料作为汽油、柴油的替代品，也受到了广泛关注。目前国内外热情研究的氢燃料电池电动汽车，就是此类能源中应用的典型代表。

能源是整个世界发展和经济增长的最基本的驱动力，是人类赖以生存的基础。自工业革命以来，能源安全问题就开始出现。1913 年，英国海军开始用石油取代煤炭作为动力时，时任海军上将的丘吉尔就提出了"绝不能仅仅依赖一种石油、一种工艺、一个国家和一个油田"这一迄今仍未过时的能源多样化原则。伴随着人类社会对能源需求的增加，能源安全逐渐与政治、经济安全紧密联系在一起。两次世界大战中，能源跃升为影响战争结局、决定国家命运的重要因素。法国总理克莱蒙梭曾说，"一滴石油相当于我们战士的一滴鲜血"。可见，能源安全的重要性在那时便已得到国际社会普遍认可。20 世纪 70 年代爆发的两次石油危机使能源安全的内涵得到极大拓展，特别是 1974 年成立的国际能源署正式提出了以稳定石油供应和价格为中心的能源安全概念，西方国家也据此制定了以能源供应安全为核心的能源政策。在此后的二十多年里，在稳定能源供应的支持下，世界经济规模取得了较大增长。

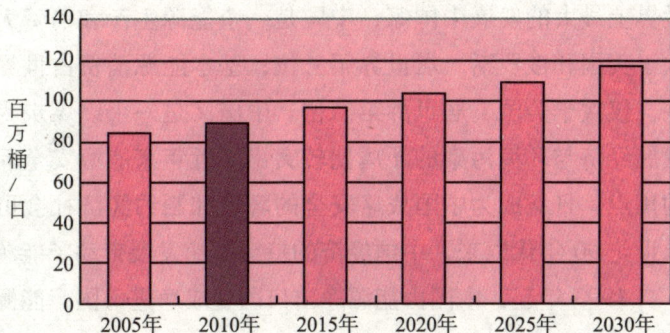

世界原油未来需求量预测

世界原油未来需求预测

今天的世界人口已经突破 60 亿，而能源消费据统计却增加了 16 倍多。无论多少人谈论"节约"和"利用太阳能"或"打更多的油井或气井"或

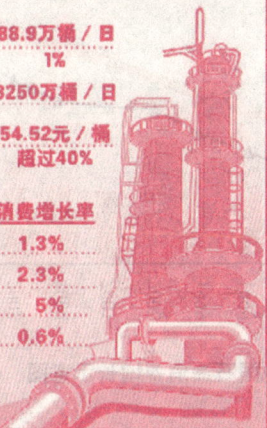

石油危机

者"发现更多更大的煤田"，能源的供应却始终跟不上人类对能源的需求。当前世界能源消费以化石资源为主，其中中国等少数国家是以煤炭为主，其他国家大部分则是以石油与天然气为主。按目前的消耗量，专家预测石油、天然气最多只能维持不到半个世纪，煤炭也只能维持一两个世纪。所以不管是哪一种常规能源结构，人类面临的能源危机都日趋严重。

当前世界所面临的能

源安全问题呈现出与历次石油危机明显不同的新特点和新变化，它不仅仅是能源供应安全问题，而是包括能源供应、能源需求、能源价格、能源运输、能源使用等安全问题在内的综合性风险与威胁。

作为世界上最大的发展中国家，中国是一个能源生产和消费大国。能源生产量仅次于美国和俄罗斯，居世界第三位；基本能源消费占世界总消费量的十分之一，仅次于美国，居世界第二位。中国又是一个以煤炭为主要能源的国家，发展经济与环境污染的矛盾比较突出。近年来能源安全问题也日益成为关注的焦点，日益成为中国战略安全的隐患和制约经济社会可持续发展的瓶颈。上世纪90年代以来，中国经济的持续高速发展带动了能源消费量的急剧上升。自1993年起，中国由能源净出口国变成净进口国，能源总消费已大于总供给，能源需求的对外依存度迅速增大。煤炭、电力、石油和天然气等能源在中国都存在缺口，其中，石油需求量的大增以及由其引起的结构性矛盾日益成为中国能源安全所面临的最大难题。

就可预见的未来来看，汽车是不会大量减少的，但是石油危机的确会对汽车业有一定的影响，比如开发新型汽车（像混合动力、燃料电池、氢动力、太阳能等）以减轻对石油的依赖，减少一些不必要的汽车使用（主要是指私家车）以节约燃料等，但是总的来看不用担心汽车减少这个问题。

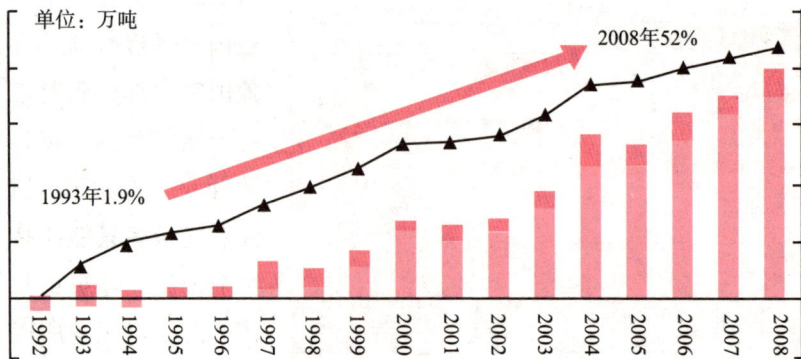

中国石油消费增长示意图

>>> 知识点

发展中国家

"发展中国家"，通常是指那些经济社会发展和人民生活水平相对较低，尚处于从传统农业社会向现代工业社会转变过程中的国家。即指经济上较落后的第三世界国家。通常指包括亚洲、非洲、拉丁美洲及其他地区的130多个国家，占世界陆地面积和总人口的70%以上。发展中国家地域辽阔，人口众多，有广大的市场和丰富的自然资源。还有许多战略要地，无论从经济、贸易上，还是从军事上，都占有举足轻重的战略地位。中国是最大的发展中国家。

延伸阅读

石油战争

中东作为世界上最大的产油区，每一次的中东战争都会导致石油危机。

第一次石油危机

1973—1974年第一次石油危机产生于第四次中东战争，为打击以色列与西方国家，阿拉伯国家使出狠招：10月16日提高石油价格，第二天减少生产，并实施对西方国家的禁运，使油价从3.01美元每桶增加到11.651美元。随着阿拉伯国家1100亿美元的巨额收益，伴随着的是西方国家（包括日本）的经济衰退，保守估计，此次石油危机至少使全球经济倒退两年。

第二次石油危机

1979—1980年的第二次石油危机则由两伊引起的两大产油国的战争造成国际油价飙涨，再次使西方国家遭受打击，以美国为例GDP增长率由1978年的5.6%下降到1980年的3.2%，直至1981年0.2%的负增长。这里值得一提的是日本。日本由第一次石油危机吸取经验，进行了大规模的产业调整，增加了节能设备的利用，提升核电发电量，在第二次石油危机中保持了

33.5%的增长率，一举取代美国成为世界上最大的债权国。日本的经验值得我们深思……

1990年的海湾战争是一场彻彻底底的石油战争，当时美国总统老布什曾表示，如果世界上最大的石油储备权落到萨达姆手中，那么美国人的就业机会、生活方式都会遭受到毁灭性的灾难，于是联合西方国家发动海湾战争，其间油价曾飙升至40美元每桶。不过由于国家能源机构的及时运作，再加上沙特阿拉伯的支持，很快便渡过了这次石油危机。

伊拉克战争名为反恐战争，实为石油战争，美国经济当时已经放缓，急需大宗商品来刺激，联合英国发动石油战争。结果打开了潘多拉的魔盒，不仅造成恐怖组织的大量泛滥，也直接导致了2008年的经济问题，是一场全球的噩梦。

中国的能源状况

中国是当今世界上最大的发展中国家，发展经济，摆脱贫困，是中国政府和中国人民在相当长一段时期内的主要任务。20世纪70年代末以来，中国作为世界上发展最快的发展中国家，经济社会发展取得了举世瞩目的辉煌成就，成功地开辟了中国特色社会主义道路，为世界的发展和繁荣作出了重大贡献。

中国是目前世界上第二位能源生产国和消费国。能源供应持续增长，为经济社会发展提供了重要的支撑。能源消费的快速增长，为世界能源市场创造了广阔的发展空间。中国已经成为世界能源市场不可或缺的重要组成部分，对维护全球能源安全，正在发挥着越来越重要的积极作用。

中国政府正在以科学发展观为指导，加快发展现代能源产业，坚持节约资源和保护环境的基本国策，把建设资源节约型、环境友好型社会放在工业化、现代化发展战略的突出位置，努力增强可持续发展能力，建设创新型国家，继续为世界经济发展和繁荣做出更大贡献。

能源发展现状

能源资源是能源发展的基础。新中国成立以来，不断加大能源资源勘查力度，组织开展了多次资源评价。中国能源资源有以下特点：

能源资源总量比较丰富。中国拥有较为丰富的化石能源资源。其中，煤炭占主导地位。2006年，煤炭保有资源量10345亿吨，剩余探明可采储量约占世界的13%，列世界第三位。已探明的石油、天然气资源储量相对不足，油页岩、煤层气等非常规化石能源储量潜力较大。中国拥有较为丰富的可再生能源资源。水力资源理论蕴藏量折合年发电量为6.19万亿千瓦时，经济可开发年发电量约1.76万亿千瓦时，相当于世界水力资源量的12%，列世界首位。

人均能源资源拥有量较低。中国人口众多，人均能源资源拥有量在世界上处于较低水平。煤炭和水力资源人均拥有量相当于世界平均水平的50%，石油、天然气人均资源量仅为世界平均水平的十五分之一左右。耕地资源不足世界人均水平的30%，制约了生物质能源的开发。

国内外能源消费结构比较

国家	消费总量（MTCE）	占世界比重（%）	能源消费结构（%）				
			石油	天然气	煤炭	核电	水电
美国	3063.0	25.2	39.5	26.5	24.6	8.0	1.4
俄罗斯	929.3	7.6	22.1	51.3	19.5	4.8	2.3
日本	723.3	6.0	52.6	11.6	17.7	16.5	1.6
德国	485.7	4.0	40.2	20.9	25.5	12.9	0.5
法国	349.0	2.9	37.6	12.8	5.4	41.8	2.4
英国	321.3	2.6	36.1	34.4	18.0	11.3	0.2
中国	1292.3	10.6	20.5	1.9	75.4	0.4	1.8
印度	371.9	3.1	31.9	8.5	56.2	1.0	2.4
世界总计	12156.0	100	39.9	23.2	27.0	7.3	2.6

能源资源赋存分布不均衡。中国能源资源分布广泛但不均衡。煤炭资源主要赋存在华北、西北地区，水力资源主要分布在西南地区，石油、天然气资源主要赋存在东、中、西部地区和海域。中国主要的能源消费地区集中在

东南沿海经济发达地区，资源赋存与能源消费地域存在明显差别。大规模、长距离的北煤南运、北油南运、西气东输、西电东送，是中国能源流向的显著特征和能源运输的基本格局。

能源资源开发难度较大。与世界相比，中国煤炭资源地质开采条件较差，大部分储量需要井工开采，极少量可供露天开采。石油天然气资源地质条件复杂，埋藏深，勘探开发技术要求较高。未开发的水力资源多集中在西南部的高山深谷，远离负荷中心，开发难度和成本较大。非常规能源资源勘探程度低，经济性较差，缺乏竞争力。

随着中国经济的较快发展和工业化、城镇化进程的加快，能源需求不断增长，构建稳定、经济、清洁、安全的能源供应体系面临着重大挑战，突出表现在以下几方面：

资源约束突出，能源效率偏低。中国优质能源资源相对不足，制约了供应能力的提高；能源资源分布不均，也增加了持续稳定供应的难度；经济增长方式粗放、能源结构不合理、能源技术装备水平低和管理水平相对落后，导致单位国内生产总值能耗和主要耗能产品能耗高于主要能源消费国家平均水平，进一步加剧了能源供需矛盾。单纯依靠增加能源供应，难以满足持续增长的消费需求。

北煤南运

能源消费以煤为主，环境压力加大。煤炭是中国的主要能源，以煤为主的能源结构在未来相当长时期内难以改变。相对落后的煤炭生产方式和消费方式，加大了环境保护的压力。煤炭消费是造成煤烟型大气污染的主要原因，也是温室气体排放的主要来源。随着中国机动车保有量的迅速增加，部分城市大气污染已经变成煤烟与机动车尾气混合型。这种状况持续下去，将给生态环境带来更大的压力。

市场体系不完善，应急能力有待加强。中国能源市场体系有待完善，能源价格机制未能完全反映资源稀缺程度、供求关系和环境成本。能源资源勘探开发秩序有待进一步规范，能源监管体制尚待健全。煤矿生产安全欠账比较多，电网结构不够合理，石油储备能力不足，有效应对能源供应中断和重大突发事件的预警应急体系有待进一步完善和加强。

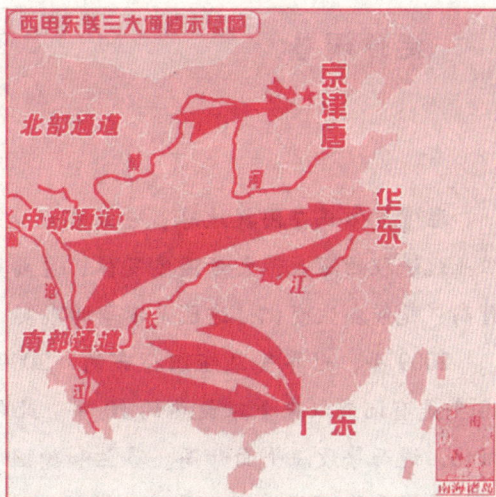

西电东送

知识点

煤层气

煤层气俗称"瓦斯"，其主要成分是 CH_4（甲烷），与煤炭伴生、以吸附状态储存于煤层内的非常规天然气，热值是通用煤的 $2 \sim 5$ 倍，主要成分为甲烷。1 立方米纯煤层气的热值相当于 1.13kg 汽油、1.21kg 标准煤，其热值与天然气相当，可以与天然气混输混用，而且燃烧后很洁净，几乎不产生任何废气，是上好的工业、化工、发电和居民生活燃料。煤层气空气浓度达到 $5\% \sim 16\%$ 时，遇明火就会爆炸，这是煤矿瓦斯爆炸事故的根源。煤层气直接排放到大气中，其温室效应约为二氧化碳的 21 倍，对生态环境破坏性极强。在采煤之前如果先开采煤层气，煤矿瓦斯爆炸率将降低 $70\% \sim 85\%$。煤层气的开发利用具有一举多得的功效：提高瓦斯事故防范水平，具有安全效应；有效减排温室气体，产生良好的环保效应；作为一种高效、洁净能源，商业化能产生巨大的经济效益。

延伸阅读

温室气体困扰地球

温室气体正在困扰地球，它正在让地球升温、发烧。200多年来，随着工业化进程的深入，大量温室气体，主要是二氧化碳的排出，导致全球气温升高、气候发生变化，这已是不争的事实。

2009年，世界气象组织公布的《2009年全球气候状况》一文指出，近10年是有记录以来全球最热的10年。此外，全球变暖也使得南极冰川开始融化，进而导致海平面升高。芬兰和德国学者公布的最新一项调查显示，本世纪末海平面可能升高1.9米，远远超出此前的预期。如果照此发展下去，南太平洋中的岛国图瓦卢，将可能是第一个消失在汪洋中的岛国。南极上方的臭氧层出现空洞，就是过量排放二氧化碳导致的。

2009年，美国媒体发表的一项研究指出，地球发烧也给人类的健康造成了巨大的危机。

1. 过敏加重：研究显示，随着二氧化碳含量和温度的逐渐升高，花期提前来临，花粉生成量增加，使人类春季过敏加重。

2. 物种正在变得越来越"袖珍"：随着全球气温上升，生物形体在变小，这从苏格兰羊身上已现端倪。

3. 肾结石疾病的增加：由于气温升高、人体脱水量增多，研究人员预测，到2050年，将新增泌尿系统结石患者220万人。

4. 外来传染病暴发：水源温度的升高，使蚊子和浮游生物大量繁殖，也使登革热、疟疾和脑炎等卷土重来，时有暴发。

5. 夏季肺部感染加重：温度升高，凉风减少会加剧臭氧污染，极易引发肺部感染。

6. 藻类泛滥引发疾病：水温升高导致蓝藻迅猛繁衍，从市政供水体系到天然湖泊都会受到污染，从而引发消化系统、神经系统、肝脏和皮肤疾病。低碳生活，已成为人类急需建立的生活方式。

二氧化碳会使温室效应加剧，因此可以列入大气污染物之一。但在通常条件下，空气质量预报中不包含二氧化碳的浓度。此外，当空气中二氧化碳的浓度超过 50% 的时候会引起窒息，所以应当避免到二氧化碳浓度过高的地方去（例如储藏蔬菜的地窖），在去这些地方前要先通风。

能源未来知多少

我国主要电力供应是火力发电。火力发电的一次能源主要是煤炭。据有关专家计算，我国可供开采的煤矿藏量最多可开采 50 年。设想 50 年后我们应怎么解决电力供应呢？

对此，众多电力工作者在努力研究新的能源供电方式。提出所谓无污染的绿色能源。也就是对人类居住的地球没有任何污染的能源。

无污染的绿色能源，除了风能之外还有太阳能、水能、沼气发电、垃圾发电、地热能发电、潮汐能发电等等。这些能源（除垃圾发电在燃烧垃圾过程中可能产生有害物资）的使用对人类赖以生存的地球和人类本身不会造成危害。风能是利用风力机将风能转化为电能、热能、机械能等各种形式的能量，用于发电、提水、助航、制冷和制热等。风力发电是主要的开发利用方式。中国的风能总储量估计为 1.6×10^9 千瓦，列世界第三位，有广阔的开发前景。风能是一种自然能源，由于风的方向及大小都变幻不定，因此其经济性和实用性由风车的安装地点、方向、风速等多种因素综合决定。

长期以来，人们就一直在努力研究利用太阳能。我们地球所接受到的太阳能，只占太阳表面发出的全部能量的二十亿分之一左右，这些能量相当于全球所需总能量的 3 万~4 万倍。

太阳能和石油、煤炭等矿物燃料不同，不会导致温室效应和全球性气候变化，也不会造成环境污染。正因为如此，太阳能的利用受到许多国家的重视，大家正在竞相开发各种光电新技术和光电新型材料，以扩大太阳能利用的应用领域。特别是在近十多年来，在石油可开采量日渐见底和生态环境日益恶化这两大危机的夹击下，我们越来越企盼着"太阳能时代"的到来。从发电、取暖、供水到各种各样的太阳能动力装置，其应用十分广泛，在某些领域，太阳能的利用已开始进入实用阶段。

对于核电站，人们有许多误解，其实核能发电是一种清洁、高效的能源获取方式。对于核裂变，核燃料是铀、钍等元素，核聚变的燃料则是氘、氚等物质。有些物质，例如钍，本身并非核燃料，但经过核反应可以转化为核燃料。我们把核燃料和可以转化为核燃料的物质总称为核资源。

秦山核电站

近年来，许多发展中国家虽然都制定了一系列鼓励民企投资小水电的政策。由于小水电站投资小、风险低、效益稳、运营成本比较低，在国家各种优惠政策的鼓励下，全国掀起了一股投资建设小水电站的热潮，尤其是近年来，由于全国性缺电严重，民企投资小水电如雨后春笋，悄然兴起。国家鼓励合理开发和利用小水电资源的总方针是确定的，2003 年开始，特大水电投资项目也开始向民资开放。2005 年，根据国务院和水利部的"十一五"计划和 2015 年发展规划，中国将对民资投资小水电以及小水电发展给予更多优惠政策。

氢是一种二次能源，一种理想的新的含能体能源，在人类生存的地球上，虽然氢是最丰富的元素，但自然氢的存在极少。因此必须将含氢物质加工后方能得到氢气。最丰富的含氢物质是水，其次就是各种矿物燃料（煤、石油、天然气）及各种生物质等。氢不但是一种优质燃料，还是石油、化工、化肥和冶金工业中的重要原料和物料。石油和其他化石燃料的精炼需要氢，如烃的增氢、煤的气化、重油的精炼等；化工中制氨、制甲醇也需要氢。氢还被用来还原铁矿石。用氢制成燃料电池可直接发电。采用燃料电池和氢气－蒸汽联合循环发电，其能量转换效率将远高于现有的火电厂。随着制氢技术的进步和贮氢手段的完善，氢能将在21世纪的能源舞台上大展风采。

地热是指来自地下的热能资源。我们生活的地球是一个巨大的地热库，仅地下10千米厚的一层，储热量就达1.05×10^{26}焦耳，相当于9.95×10^{15}吨标准煤所释放的热量。地热能在世界很多地区应用相当广泛。老的技术现在依然富有生命力，新技术业已成熟，并且在不断地完善。在能源的开发和技术转让方面，未来的发展潜力相当大。地热能是天生就储存在地下的，不受天气状况的影响，既可作为基本负荷能使用，也可根据需要提供使用。

海洋能通常指蕴藏于海洋中的可再生能源，主要包括潮汐能、波浪能、海流能、海水温差能、海水盐差能等。海洋能蕴藏丰富，分布广，清洁无污染，但能量密度低，地域性强，因而开发困难并有一定的局限性。开发利用的方式主要是发电，其中潮汐发电和小型波

地热资源

浪发电技术已经实用化。波浪能发电利用的是海面波浪上下运动的动能。1910年，法国的普莱西克发明了利用海水波浪的垂直运动压缩空气，推动风力发动机组发电的装置，把1千瓦的电力送到岸上，开创了人类把海洋能转变为电能的先河。目前已开发出60~450千瓦的多种类型波浪发动装置。

此外，还有生物质能，是指植物叶绿素将太阳能转化为化学能贮存在生物质内部的能量，日前发展中的开发利用技术主要是，通过热化学转换技术将固体生物质转换成可燃气体、焦油等，通过生物化学转换技术将生物质在微生物的发酵作用下转换成沼气、酒精等，通过压块细密成型技术将生物质压缩成高密度固体燃料等。

能源是现代社会赖以生存和发展的基础，清洁燃料的供给能力密切关系着国民经济的可持续性发展，是国家战略安全保障的基础之一。中国是能源

法国然思河口湾潮汐能发电站

消耗大国，2000 年一次能源消费量为 7.5 亿吨油当量，仅次于美国成为世界第二大能源消费国，到本世纪中叶中国全面达到小康水平时，一次能源的消费量将达到 30 多亿吨油当量。然而目前中国人均一次能源的消费量不到美国的十八分之一，仅为世界平均水平的三分之一。与世界一次能源构成不同的是中国以煤为主，煤占一次能源的比例为 63.6%，由于煤的高效、洁净利用难度大，使用过程中已对人类的生存环境带来严重的污染。另一方面中国人均能源资源严重不足，人均石油储量不到世界平均水平的十分之一，人均煤炭储量仅为世界平均值的二分之一。到 2010 年，中国石油供需缺口 1 亿吨，天然气缺口 400 亿立方米。因此，开发洁净可再生能源已成为紧迫的课题。

➡ 知识点

二次能源

　　二次能源是指由一次能源经过加工转换以后得到的能源，例如：电力、蒸汽、煤气、汽油、柴油、重油、液化石油气、酒精、沼气、氢气和焦炭等等。

　　二次能源又可以分为"过程性能源"和"合能体能源"，电能就是应用最广的过程性能源，而汽油和柴油是目前应用最广的合能体能源。二次能源亦可解释为自一次能源中，所再被使用的能源，例如将煤燃烧产生蒸汽能推动发电机，所产生的电能即可称为二次能源。或者电能被利用后，经由电风扇，再转化成风能，这时风能亦可称为二次能源，二次能源与一次能源间必定有一定程度的损耗。

延伸阅读

绿色能源

绿色能源也称清洁能源，是环境保护和良好生态系统的象征和代名词。它可分为狭义和广义两种概念。狭义的绿色能源是指可再生能源，如水能、生物能、太阳能、风能、地热能和海洋能。这些能源消耗之后可以恢复补充，很少产生污染。广义的绿色能源则包括在能源的生产、及其消费过程中，选用对生态环境低污染或无污染的能源，如天然气、清洁煤和核能等。

绿色能源，不仅取之不尽，而且间接价值也十分可观。据专家推算，每利用相当于1吨标准煤的可再生资源，可以节约原生资源120吨，少产生垃圾废水10吨，增加产值约3000元人民币，产生利润500元。利用可再生资源进行生产不仅可以节约资源，遏制废弃物泛滥，而且比利用原生资源进行生产具有消耗低、污染物排放少的优点。

开发可再生能源与提高能源使用效率相结合，不仅对经济的可持续发展具有重大意义，还可以降低对煤炭的过分依赖，保障能源供应安全，同时还能减少废气排放，为改善环境质量作出贡献。环境专家测算，大气中90%的二氧化碳和氮氧化物、70%的烟尘来自燃煤，煤炭开发利用过程中产生的大量的矸石、腐蚀性水、煤泥、灰渣和尘垢等，已构成对工农业生产和生态环境的危害，而可再生能源基本上不产生环境污染问题。

此外，如果绿色能源产业能够得到健康快速发展，可以带动大批相关产业的发展，并为城市创造大量就业岗位。美国的实践表明，可再生能源发电比传统发电方式的劳动密集程度要高。美国全球观察研究所的报告说，10亿千瓦时的发电量，如果用煤炭或核燃料，需要100个到116个工人，而太阳能发电站则可以提供248个工作岗位，风电场可以提供542个工作岗位。

什么是节能

所谓节能，广义地讲，是指除狭义节能内容之外的节能方法，如节约原材料消耗，提高产品质量、劳动生产率、减少人力消耗、提高能源利用效率等。

狭义的讲，节能是指节约煤炭、石油、电力、天然气等能源。

在狭义节能内容中包括从能源资源的开发，输送与配转换（电力、蒸汽、煤气等）或加工（各种成品油、副产煤气为二次能源，直到用户消费过程中的各个环节，都有节能的具体工作去做）。

按照世界能源委员会 1979 年提出的定义：采取技术上可行、经济上合理、环境和社会可接受的一切措施，来提高能源资源的利用效率。

节能就是尽可能地减少能源消耗量，生产出与原来同样数量、同样质量的产品；或者是以原来同样数量的能源消耗量，生产出比原来数量更多或数量相等质量更好的产品。换言之，节能就是应用技术上现实可靠、经济上可行合理、环境和社会都可以接受的方法，有效地利用能源，提高用能设备或工艺的能量利用效率。

随着社会的不断进步与科学技术的不断发展，现在人们越来越关心我们赖以生存的地球，世界上大多数国家也充分认识到了环境对我们人类发展的重要性。各国都在采取积极有效的措施改善环境，减少污染。这其中最为重要也是最为紧迫的问题就是能源问题，要从根本上解决能源问题，除了寻找新的能源，节能是关键的也是目前最直接有效的重要措施，在最近几年，通过努力，人们在节能技术的研究和产品开发上都取得了巨大的成果。

现在各种节能技术和产品丰富多样，并且不断地在推陈出新。

节能是指加强用能管理，采用技术上可行，经济上合理以及环境和社会可以承受的措施，减少从能源生产到消费各个环节中的损失和浪费，更加有效、合理地利用能源。其中，技术上可行是指在现有技术基础上可以实现；经济上合理就是要有一个合适的投入产出比；环境可以接受是指节能还要减少对环境的污染，其指标要达到环保要求；社会可以接受是指不影响正常的生产与生活水平的提高；有效就是要降低能源的损失与浪费。

节能是我国可持续发展的一项长远发展战略，是我国的基本国策。

➤➤ **知识点**

天然气

从广义的定义来说，天然气是指自然界中天然存在的一切气体，包括大气圈、水圈、生物圈和岩石圈中各种自然过程形成的气体。而人们长期以来通用的"天然气"的定义，是从能量角度出发的狭义定义，是指天然蕴藏于地层中的烃类和非烃类气体的混合物，主要成分是烷烃，其中甲烷占绝大多数，另有少量的乙烷、丙烷和丁烷，此外一般有硫化氢、二氧化碳、氮和水汽及微量的惰性气体，如氦和氩等。在标准状况下，甲烷至丁烷以气体状态存在，戊烷以上为液体。

天然气主要存在于油田气、气田气、煤层气、泥火山气和生物生成气中，也有少量出于煤层。天然气又可分为伴生气和非伴生气两种。伴随原油共生，与原油同时被采出的油田气叫伴生气；非伴生气包括纯气田天然气和凝析气田天然气两种，在地层中都以气态存在。

🌱 **延伸阅读**

节约能源就是保护资源

30年来，我国的国民经济保持在8%的高增率上迅猛增长，以至于能源的供给成为了经济增长的瓶颈，节能已成为国家发展经济的一项长远战略方针，各行各业越来越认识到节能的重大意义。"节约能源，保护资源"是我国新时期实现可持续发展的伟大战略的保证和手段。

如何节约能源，应当从能源生产开始，一直到最终消费为止，在其各个环节，如开采、运输、加工、转换、使用上减少损失和浪费。从经济上讲就是通过合理利用、科学管理、技术进步达到以最小的能耗取得最大经济效益的目的。世界能源大会节能委员会的调查研究表明，发展中国家能源利用率仅为 20%～30%，工业发达国家也只有 40%～50%，可见全球节能的潜力很大。如果世界各国的能耗通过各种技术手段节约 10%，那么节省下来的能源将超过世界上全部水电站所能提供的电力总和。国际能源界有关部门甚至将节能称为第五大能源，与煤、石油及天然气、水电、核电四大能源并列，足见节能的意义重大。

我国的能源资源虽然丰富，但人均拥有量较低，且年消耗量大，浪费严重。我国对节能非常重视，于 2007 年 10 月 28 日由第十届全国人大常委会第三十次会议修订通过，2008 年 4 月 1 日起施行《中华人民共和国节约能源法》。该法的内容涉及节能管理、能源的合理利用、促进节能技术进步、法律责任等。

节能技术一般包括以下三个方面：一是提高现有的能源的利用率；二是选用新材料以达到节能的目的；三是研究储能技术，将暂时用不完的能源储存起来。

节能减排刻不容缓

当前，中国节能减排的形势十分严峻。2006 年以来，全国上下加强了节能减排工作，但是，当年并没有实现年初确定的节能降耗和污染减排的目标，加大了"十一五"后四年节能减排工作的难度。

更为严峻的是，2007 年一季度，工业特别是高耗能、高污染行业增长过快，占全国工业能耗和二氧化硫排放近 70% 的电力、钢铁、有色金属、建材、石油加工、化工等六大行业增长 20.6%，同比加快 6.6 个百分点。与此同时，各方面工作仍存在认识不到位、责任不明确、措施不配套、政策不完善、投入不落实、协调不得力等问题。

目前中国建筑能耗占总能耗的 27% 以上，而且还在以每年 1 个百分点的速度增加。建设部统计数字显示，我国每年城乡建设新建房屋建筑面积近 20 亿平方米，其中 80% 以上为高能耗建筑；既有建筑近 400 亿平方米，95% 以上是高能耗建筑。建筑能耗占全国总能耗的比例将从现在的27.6%快速上升到33%以上。我国新建建筑已经基本实现按节能标准设计，比例高达95.7%，而施工阶段执行节能设计标准的比例仅为53.8%。

在不少城市，为了美观和气派，主要街区的写字楼都是玻璃幕墙，还兴建了不少大型的穹顶建筑作为公共设施。夏季紫外线照射强烈，造成光污染，冬天不挡寒，一年四季不得不开放大功率的空调来调节气温，冬天要先于其他建筑保暖，夏天要先于其他建筑供冷。据不完全统计，全国现有玻璃幕墙（非节能玻璃）面积已超过900多万平方米，而且呈持续发展趋势。玻璃幕墙在带来所谓美观的同时，也带来了能耗的成倍增长。

玻璃幕墙

国家统计局的初步统计数据表明，2007年中国能源消费总量比2006年增长7.8%。2007年我国能源消费总量26.5亿吨标准煤，增幅略有回落，比2006年增幅下降了1.5个百分点。但同时，我国能源消费总量仍然庞大，节能减排形势依然严峻。

知识点

光污染

光污染泛指影响自然环境，对人类正常生活、工作、休息和娱乐带来不利影响，损害人们观察物体的能力，引起人体不舒适感和损害人体健康的各种光。人的眼睛由于瞳孔的调节作用，对于一定范围内的光辐射都能适应，但光辐射增至一定量时，将会对于人体健康产生不良影响，这称为"光污染"。从波长10纳米至1毫米的光辐射，即紫外辐射，可见光和红外辐射，在不同的条件下都可能成为光污染源。

延伸阅读

噪光污染正在损害你我的眼睛

近视与环境有关，人们都知道水污染、大气污染、噪声污染对人类健康的危害，却没有发觉身边潜在的威胁——噪光污染，正严重损害着人们的眼睛。

近年来，环境污染日益加剧。无数悲剧的发生，让人们越来越懂得环境对人类生存健康的重要性。人们关注水污染、大气污染、噪声污染等，并采取措施大力整治，但对噪光污染却重视不够。其后果就是各种眼疾，特别是近视比率迅速攀升。据统计，我国高中生近视率达60%以上，居世界第二位。

为此，我国每年都要投入大量资金和人力用于对付近视，见效却不大，原因就是没有从改善视觉环境这个根本入手。有关卫生专家认为，视觉环境是形成近视的主要原因，而不是用眼习惯。

据有关专家介绍，视觉环境中的噪光污染大致可分为三种：一是室外视环境污染，如建筑物外墙；二是室内视环境污染，如室内装修、室内不良的光色环境等；三是局部视环境污染，如书簿纸张、某些工业产品等。

随着城市建设的发展和科学技术的进步，日常生活中的建筑和室内装修采用镜面、瓷砖和白粉墙日益增多，近距离读写使用的书簿纸张越来越光滑，人们几乎把自己置身于一个"强光弱色"的"人造视环境"中。

目前，很少有人认识到噪光污染的危害。据科学测定：一般白粉墙的光反射系数为69%~80%，镜面玻璃的光反射系数为82%~88%，特别光滑的粉墙和洁白的书簿纸张的光反射系数高达90%，比草地、森林或毛面装饰物面高10倍左右，这个数值大大超过了人体所能承受的生理适应范围，构成了现代新的污染源。经研究表明，噪光污染可对人眼的角膜和虹膜造成伤害，抑制视网膜感光细胞功能的发挥，引起视疲劳和视力下降。

据有关卫生部门对数十个歌舞厅激光设备所做的调查和测定表明，绝大多数歌舞厅的激光辐射压已超过极限值。这种高密集的热性光束通过眼睛晶状体再集中于视网膜时，其聚光点的温度可达到70℃，这对眼睛和脑神经十分有害。它不但可导致人的视力受损，还会使人出现头痛头晕、出冷汗、神经衰弱、失眠等大脑中枢神经系统的病症。

节能减排意义重大

节能有益于环境保护

在诸多资源消费中，能源消费是不可或缺的，而且其人均消费量在不断上升；环境污染的很大一部分，来自能源生产和消费过程中排放的废弃物。因此，节约能源与保护环境之间有着十分密切的关系。

我国能源消费结构以煤炭为主，煤炭消耗产生的污染强度比石油和天然气等能源要大得多。在农村地区，能源结构多以林木、薪柴等生物质能为主，这种消耗也是造成生态破坏的重要原因。可见，节能不仅具有节约资源的意义，而且具有保护环境的作用。

实践表明，不只是直接节能可以起到保护环境的作用，尽可能地减少产品消费同样有利于保护环境。这是因为所有产品的生产都要消耗能源。广义的节能，应当包括后者。节能与环保之间的紧密关系告诉我们，在生产和生活的每一个环节都大力推广节能降耗技术，从一点一滴做起，节约资源，同时也是在保护环境。

在具体实践中，最重要的节能途径是从生产生活的基础环节包括城市规划、建筑和产品设计等开始采取节能措施。科学的城市规划，可以提高城市建设效率，减少拆迁和网管重复建设，减少浪费；良好的城市交通网络设计，可以提高车辆通行效率，减少道路堵塞，减少油耗；先进的建筑设计和节能材料、节能设备、节能器具的应用，可以大大降低电力和水的消耗；合理的生产工艺和厂房布局设计，可以大大提高物流和能量流的效率；高耗能企业的能量梯级循环利用设计，可以实现能源的循环利用。这些基于生态设计的广义节能措施，效果大大优于强行节能办法。

当前，在节能方面还存在一些障碍。例如，由于节能材料和节能器具的成本比较高，房地产开发商为了降低成本，通常倾向于使用低价格、低能源效率的落后产品，这使得节能材料和节能器具得不到广泛应用。因此，从节能和环保相统一的角度出发，应全面推行强制的建筑节能标准以及建筑材料、器具的能耗和技术效率标准。节约能源的投入，是对环境保护投入的替代，是从源头减少污染产生的举措，也是最为有效的环境保护。

目前，全球性能源短缺已经成为世界面临的一个重大问题。我国在发展经济中同样面临着严峻的能源短缺问题。我国的石油资源量占世界的3.5%，人口却占世界的22%。我国水资源总量占世界水资源总量的7%，人均水资源拥有量仅为2200立方米，只及世界平均水平的四分之一，被列为全球13个人均水资源贫乏的国家之一，但是我国工业用水浪费十分严重，万元工业增加值取水量达90立方米左右，是世界平均取水量的2.5倍，为发达国家的3~7倍。土地资源占世界的6.8%，却养活了占世界22%的人口。能源短缺不言而喻。我国正处在工业化、城镇化加快的重要阶段，国际经验表明，这一阶段恰恰又是能源资源强消耗阶段。

大气污染

据测算，我国每创造1美元的GDP所消耗的能源是美国的4.3倍，是日本的11.5倍；我国的能源利用率仅为美国的26.9%、日本的11.5%。由此可见，在我国经济的产品成本中能源消耗及其他资源的消耗成本占了相当大的比重，这就使得一些企业以劳动生产者的低工资来弥补能源和其他资源高消耗的产品成本，以取得产品在市场上的价格优势。也可以说，经济发展通过节能降耗减少产品中资源消耗成本的空间十分巨大。

我国经济的发展力不应以牺牲环境为代价。目前相当一部分企业，特别是中小企业，对环境治理和削减污染物排放投入很少，或者根本不进行投入。资源和能源被大量消耗的同时，也带来污染物大量的排放。肆意排放的污染物对空气、植被、水资源、河流、土地的污染日益严重，我们赖以生存的环境正面临严峻的威胁。

节能有益于提高资源利用率

节能是指采取技术上可行、经济上合理及环境和社会可接受的一切措施以更有效地利用能源资源。节能已被称为世界第五大能源，它不仅可以缓解能源供需矛盾，促进经济持续、快速、健康的发展，而且是减少有害气体排放、降低大气污染的最现实最经济的途径。

作为我国国民经济支柱产业的石油化工行业，既是产能大户，同时也是耗能大户。据统计，石油石化行业年能耗量达到 2.7 亿吨标准煤，万元产值能耗高达 3.5 吨标准煤，是其他行业的两三倍。2006 年，为了实现"十一五"节能环保的总目标，中国石油、中国石化、中国海油纷纷推出能源节约方案。经估算，三大石油公司在 2006 年节约能源折合 350 万吨标准煤，节水 1 亿立方米，相当于减排二氧化硫 3.5 万吨，减排化学需氧量（COD）9600 吨。

通过节能，既能实现节约能源、提高能源的利用效率的目的，同时又减少了污染物的排放，在很大程度上缓解了能源资源不足带来的危机。

节能有益于创造经济效益

节能不仅仅是提高了资源的利用效率，同时也意味着创造效益——经济效益和环境效益。

为防止地球温室效应，爱普生公司采取多种节能措施，致力于减少因消耗能源而产生的二氧化碳排放量。其中，最重要的就是对占公司能源消耗总量 70% 的电子设备生产工序进行改进，使二氧化碳排放量下降了 54.9%。2005 年，爱普生公司"液体成膜技术"在"高温多晶硅 TFT 液晶面板"生产过程中的应用，从根本上改变了传统"光刻法"制造电子元器件严重浪费材料和能源并产生大量废弃物的问题。而且爱普生移动液晶投影仪 EMP－740 在能源利用率方面的卓越表现更是令人刮目相看，较之以前的产品，EMP－740 的亮度提高了 4 倍，而消耗电量却只有从前的四分之一。这些节能环保产品既有利于扩大市场份额，增强社会美誉度，也给企业带来更大的经济效益。

节能环保已成为戴尔公司重要的经营理念而被贯彻于产品设计、生产和应用的各个过程之中，戴尔推出的 Opti Plex 商用台式机在电源、主板和机箱等方面均采用了无铅设计，并配备了全新、高效的 Dell Energy Smart 系列设置和戴尔平板液晶显示器，从而使全球客户每年可节约将近 10 亿美元的能源开支。数据显示，如果将 Opti Plex 745 中采用的节能设置应用于所有戴尔台式机，其节省的电能将减少 1250 万吨二氧化碳气体的排放，相当于大约 250 万辆汽车在路上排出的废气。同时，节省的能源可为客户节约 16 亿美元的运营成本。

　　节能环保在节约能源和创造效益方面的作用是显著的，但是要达到节能环保的目的，必须要通过发展循环经济和发展高新技术来实现。

知识点

GDP（1）

　　国内生产总值是按市场价格计算的国内生产总值的简称。它是一个国家（地区）所有常住单位在一定时期内生产活动的最终成果。国内生产总值有三种表现形态，即价值形态、收入形态和产品形态。从价值形态看，它是所有常住单位在一定时期内所生产的全部货物和服务价值超过同期投入的全部非固定资产货物和服务价值的差额，即所有常住单位的增加值之和；从收入形态看，它是所有常住单位在一定时期内所创造并分配给常住单位和非常住单位的初次分配收入之和；从产品形态看，它是最终使用的货物和服务减去进口货物和服务。在实际核算中，国内生产总值的三种表现形态表现为三种计算方法，即生产法、收入法和支出法。三种方法分别从不同的方面反映国内生产总值及其构成。

延伸阅读

2020 年后我国能源消费放缓 可再生能源强劲增长

英国石油公司（BP）最新发布的 2012 年版《BP 2030 世界能源展望》

预计，随着中国经济日趋成熟，中国能源消费的增长预计将在 2020 年之后显著放缓。同时，未来 20 年全球能源需求将持续增长，但增长速度会逐年放缓，能源效率将不断提高，可再生能源将有强劲增长。

报告显示，全球能源需求到 2030 年可能将增长 39%，即每年增长 1.6%。全球能源仍将由化石燃料为主，预计到 2030 年化石燃料将占全球能源需求的 81%，较目前水平下降 6%。

值得注意的是，作为目前世界上最主要的燃料，石油在未来 20 年的市场份额将继续不断下降，但是全球对于石油等液态燃料的需求在 2030 年仍将增至 1.03 亿桶/日，比 2010 年增长 18%。

在此背景下，页岩气等非常规能源将大大弥补能源缺口。报告预计，包括美国页岩油气、加拿大油砂和巴西深海石油等非传统能源供应的增长将推动西半球到 2030 年实现几乎完全的能源自给自足。这意味着世界上其余地方将更加依赖于中东来满足其不断增长的石油需求。

与之相反的是，全球可再生能源增长强劲。报告指出，从现在到 2030 年，发电预计将是增长最快的能源用途，占一次能源消费增长总额的一半以上。电力行业的燃料结构将发生显著变化，可再生能源、核能和水电将占发电量增长的一半以上。

节能的三大途径

发展循环经济

循环经济是以低消耗、低排放、高效率为基本目标的经济，符合可持续发展理念的经济增长方式，也是节能环保的重要途径。要按照减量化、再利用、资源化的要求进行生产，全面促进节能生产，从源头上降低能源消耗。

为实现节能和环保，杜邦公司创造了企业内部的循环经济模式，创造性地把循环经济原则发展成为与化学工业相结合的"减量化、再利用、再循环制造法"，从而达到少排放甚至零排放的环境保护目标。通过组织厂内各工艺之间的物料循环，从大量废弃塑料中回收化学物质，开发出用途广泛的乙烯产品，延长生产链条，减少生产过程中原料和能源的使用，减少废弃物和有毒物质的排放。通过放弃使用一些环境有害型的化学物质、减少某些化学物质的使用量和发明回收本公司产品的新工艺，使公司生产造成的废弃塑料物减少25%，空气污染物排放量减少70%。公司设立了2015年循环经济战略目标，通过为客户提供能效高、大幅度减少温室气体排放的产品，年收益将至少增加20亿美元。

通用电气公司的杰夫·伊梅尔特言简意赅地说："绿色就是金钱。坚持苛刻的环保标准不仅有利于加强我们的企业地位，还将转化成一项充满商机的业务。"作为一家老牌制造公司，通用电气过去和我国现在的某些企业一样，常把环保法规视作一种成本或负担，但今天，通用电气寻找到了两全其美的结合点，在进行环保投入的同时也获得"绿色产业"的利润。

"绿色创想"是通用电气公司的一项全球战略举措。通用电气公司将大幅度增加对环保技术的研发投资，帮助全球客户解决日益严峻的环境挑战，同时减少自身在全球生产和经营活动中的温室气体排放，并以环保产品和服务作为新的业务增长点。通用电气公司的"绿色创想"是基于人类社会正在面临的能源消耗增加、环境污染加剧等严峻挑战而提出的循环经济理念。

通用电气

2006年5月29日，国家发改委与通用电气签署了关于环保技术合作的谅解备忘录，双方约定加强在环境可持续发展方面的合作，通用电气将提供包括煤、风能、生物能等领域的先进技术和方案，为中国的能源节约型和环境友好型产业提供帮助。已经或即将在中国投入使用的"绿色创想"产品包括：为中国干线铁路提供 Evolution 机车，提高燃油效率，污染排放量减少40%；为4家航空公司的42架飞机提供84台通用电气发动机，这些发动机较之普通的发动机能够节约燃料的消耗，订单额逾 10 亿美元；70 万千瓦的风力发电机订单，是中国可再生能源市场的领跑者；为东海大桥项目提供电力、照明以及自动化解决方案，为非交通繁忙时段节省了 20% 以上的能源，等等。据悉，2005 年，通用电气公司"绿色创想"产品和服务的销售额已经达到 100 亿美元，2010 年将在这一基础上实现翻番，销售目标为 200 亿美元。

发展高新技术

能耗问题不只限于生活方式和思想意识，更是个技术问题。节能环保要靠技术手段和设备改进来实现，高新技术的广泛应用可以大量降低原材料、能源和水的消耗，减少甚至消除废弃物的产生。

早在 2002 年，通用电气就已经启动了很多针对增加资源效率，减少废气排放，提高能源效率、水资源供应以及水处理能力的研发。伊梅尔特认为，这些挑战是现代企业共同面临的难题，只有通过技术革新才能应对。通用电气的计划是，到 2010 年对清洁技术研究的投入将由 2004 年的 7 亿美元逐渐增加到 15 亿美元。同时，通用电气将向客户提供更多的绿色环保产品，减少温室气体的排放，并保持公共信息透明度。通用电气自身在全球生产和经营活动中也将减少温室气体排放，并以环保产品和服务作为新的业务增长点。在中国，通用电气将投入 5000 万美元用于"绿色创想"产品的研发。

目前，世界五百强企业的经济增长中技术的贡献率已达 70% ～80%，这为企业节能降耗环保提供了可靠的保障。信息化是实现资源优化配置的基本手段，是提高能源使用效率的有力技术支持。因特网的使用可减少企业对能源和材料的消耗，提高劳动生产率，从而改善经济增长与环境之间的关系。

沃尔玛拥有美国第二大的车队，年行程达 150 亿千米。沃尔玛承诺，要在可持续性项目中投资 5 亿美元，在 10 年内把公司的能源消耗量减少 30%，将产生的固体废物量减少四分之一，将公司车队的燃料效率提高一倍。沃尔玛利用信息网络技术建立起来的供应链体系，可以大幅度降低库存量，提高产品的适销率；运用电脑支持系统随时跟踪、报告每一个品牌、款式、规格的商品的销售情况；采购环节则根据电脑提供的数据进行科学采购。通过卫星和电脑互联，公司总部可随时清点任何一家连锁店的库存、销售和上架的情况，并通知货车司机最新的路况信息，调整车辆送货的最佳线路。这样，沃尔玛运用信息技术等先进手段优化了业务流程，最大限度地提高了能源利用效率，降低了能源的消耗。

增加环保投入

提高环保认识，转变经济增长方式，增加环保投入，加强环保法制建设是全社会共同的责任。第一，要提高对环境重要性的认识。环境污染已成为制约经济、社会发展，危及人类生存的重要因素，经济的发展必须与能源、环境统筹考虑。不仅要安排好当前的工作，还要为子孙后代着想，为未来的发展创造更好的条件。第二，必须严格环境管理，对新建、扩建、改建和技术改造项目以及区域经济开发建设，都必须严格执行环境影响评价，坚持防治污染设施必须和项目主体工程同时设计、同时施工、同时投产的制度。第三，必须积极推进经济增长方式的转变，要积极采用先进适用技术装备，逐步淘汰落后设备；严格禁止能源消耗大、原材料浪费大、污染严重的产品生产，大力发展节能型产品，关闭一些能耗高污染严重的小厂。第四，必须增加环保资金的投入。防治污染这个钱迟早要花，等到污染严重了再去治理花费更大。第五，必须加强法制建设，严格执行排放法规，要把环境保护建立在法制的基础上，这是环保事业向前推进的重要保证。节能，提高资源的利用效率，是解决能源资源不足的重要途径，也是保护环境的最佳手段。但是，必须要认识到，节能环保是一项长期的极其复杂艰巨的系统工程。短期内，在全民重视和积极参与下容易取得一些显见的成效；但从长远看，却不是开几次会、搞几次活动就能解决根本问题的。特别是与资源环境直接相关的经济结构不合理、增长方式粗放等问题的解决，更是需要时间和艰苦的努力。

总之，随着我国社会经济的快速发展，节能环保会越来越凸显出其紧迫性和重要性。节能环保是和社会经济发展息息相关的，同时也和环境保护密不可分，这不仅仅是社会和企业的事情，也是我们个人的事情。社会、企业、个人都需要积极行动起来，社会形成风气，企业勇于技术革新，个人养成良好的习惯，从小事做起，从身边做起，把节能环保坚持不懈地进行下去，我们的环境也将会越来越好。

知识点

温室气体

　　温室气体指的是大气中能吸收地面反射的太阳辐射，并重新发射辐射的一些气体，如水蒸气、二氧化碳、大部分制冷剂等。它们的作用是使地球表面变得更暖，类似于温室截留太阳辐射，并加热温室内空气的作用。这种温室气体使地球变得更温暖的影响称为"温室效应"。水汽（H_2O）、二氧化碳（CO_2）、氧化亚氮（N_2O）、甲烷（CH_4）和臭氧（O_3）是地球大气中主要的温室气体。

延伸阅读

人与环境

　　环境是人类生存、繁衍的客观物质基础；保护和改善环境，是人类维护自身生存和发展的基础和前提。

　　我们生活的自然环境，是地球的表层，由空气、水和岩石（包括土壤）构成大气圈、水圈、岩石圈，在这三个圈的交汇处是生物生存的生物圈。这四个圈在太阳能的作用下，进行着物质循环和能量流动，使人类和其他生物得以生存和发展。

　　中国古人就有"天人合一"、"人体小宇宙"的说法。而据科学测定，人体血液中的60多种化学元素的含量比例，同地壳各种化学元素的含量比例十分相似。这表明人是环境的产物。人类与环境的关系，还表现在人体的物质和环境中的物质进行着交换的关系。比如，人体通过新陈代谢，吸入氧气，呼出二氧化碳；喝清洁的水，吃丰富的食物，来维持人体的发育、生长和遗传，这就使人体的物质和环境中的物质进行着交换。如果这种平衡关系被破坏了，将会危害人体健康。

　　人类为了生存、发展，要向环境索取资源。早期，由于人口稀少，人类对环境没有什么明显影响和损害。在相当长的一段时间里，自然条件主宰着人类的命运。到了"刀耕火种"时代，人类为了养活自己并生存、发展下去，开始毁林开荒，这就在一定程度上破坏了环境。于是，出现了人为因素造成的环境问题。但因当时生产力水平低，对环境的影响还不大。

到了产业革命时期，人类学会使用机器以后，生产力大大提高，对环境的影响也就增大了。到本世纪，人类利用、改造环境的能力空前提高，规模逐渐扩大，创造了巨大的物质财富。据估算，现代农业获得的农产品可供养50亿人口，而原始土地上光合作用产生的绿色植物及其供养的动物，只能供给1000万人的食物。由此可见，人类已在环境中逐渐处于主导地位。

但是，严重的环境污染和生态破坏也随即出现在人类面前。大气严重污染，水的资源空前短缺，森林惨遭毁灭，可耕地不断减少，大批物种濒临灭绝，人类赖以生存的自然环境正处在危机之中。日益恶化的环境向人类提出：保护大自然，维持生态平衡是当今最紧迫的问题。

国家制定的节能减排措施

"十一五"期间，中国主要污染物排放总量减少了10%，到2010年，二氧化硫排放量由2005年的2549万吨减少到2295万吨，化学需氧量由1414万吨减少到1273万吨；全国设市城市污水处理率不低于70%，工业固体废物综合利用率达到60%以上。这些成绩都得益于政府主导的节能减排举措。

实施措施如下：

1. 首先控制增量，调整和优化结构。继续严把土地、信贷"两个闸门"和市场准入门槛，严格执行项目开工建设必须满足的土地、环保、节能等"六项必要条件"，要控制高耗能、高污染行业过快增长，加快淘汰落后生产能力，完善促进产业结构调整的政策措施，积极推进能源结构调整，制定促进服务业和高技术产业发展的政策措施。

2. 强化污染防治，全面实施重点工程。加快实施十大重点节能工程。实施水资源节约项目。加快水污染治理工程建设。推动燃煤电厂二氧化硫治理。多渠道筹措节能减排资金。

3. 创新模式，加快发展循环经济。深化循环经济试点，推进资源综合利用，推进垃圾资源化利用，全面推进清洁生产。组织编制重点行业循环经济推进计划。制定和发布循环经济评价指标体系。深化循环经济试点，利用国债资金支持一批循环经济项目。全面推行清洁生产，对节能减排目标未完成的企业，加大实行清洁生产审核的力度，限期实施清洁生产改造方案。

4. 依靠科技，加快技术开发和推广。加快节能减排技术研发，加快节能减排技术产业化示范和推广，加快建立节能减排技术服务体系，推进环保产业健康发展，加强国际交流合作。加强节能环保电力调度。加快培育节能技术服务体系，推行合同能源管理，促进节能服务产业化发展。

5. 夯实基础，强化节能减排管理。出台《节能目标责任和评价考核实施方案》，建立"目标明确，责任清晰，措施到位，一级抓一级，一级考核一级"的节能目标责任和评价考核制度。严格执行固定资产投资项目节能评估和审查制度。强化对重点耗能企业，特别是千家企业节能工作的跟踪、指导和监管，对未按要求采取措施的企业向社会公告，限期整改。加强电力需求侧管理。扩大能效标识在三相异步电动机、变频空调、多联式空调、照明产品及燃气热水器上的应用。扩展节能产品认证范围，建立国际协调互认。组织开展节能专项检查。研究建立并实施科学、统一的节能减排统计指标体系和监测体系。

6. 健全法制，加大监督检查执法力度。完善节能和环保标准，开展节能减排专项执法检查。配合全国人大抓紧出台《节约能源法》（修订）和《循环经济法》，抓紧制（修）订配套法规。组织制定 16 个高耗能产品能耗限额强制性国家标准，制（修）订 16 项节能设计规范、21 项节能基础及方法标准及 17 种终端用能产品（设备）能效标准。

7. 完善政策，形成激励和约束机制。积极稳妥推进资源性产品价格改革，完善有利于节能减排的财政政策，实行有利于节能减排的税收政策。调整《节能产品政府采购清单》，研究试行强制采购节能产品的办法。拓宽融资渠道，促进国内及国际金融机构资金、外国政府贷款向节能减排领域倾斜。

8. 加强宣传，提高全民节约意识。组织好每年一度的全国节能宣传周、全国城市节水宣传周及世界环境日、地球日、水宣传日活动。把节约资源和保护环境理念渗透在各级各类的学校教育教学中，从小培养儿童的节约意识。

将发展循环经济、建设节约型社会宣传纳入"科学发展，共建和谐"重大主题宣传活动。组织开展全国节能宣传周活动和节能科普宣传活动，实施节能宣传教育基地试点，组织《节约能源法》和《循环经济法》宣传和培训工作，开展节能表彰和奖励活动。

9. 政府带头，发挥节能表率作用。在节能减排工作中，中央政府将率先规范。2007年全国推广高效节能产品5000万只，中央国家机关率先更换了节能灯。

知识点

世界地球日

世界地球日即每年的4月22日，是一项世界性的环境保护活动。该活动最初在1970年的美国由盖洛德·尼尔森和丹尼斯·海斯发起，随后影响越来越大。2009年第63届联合国大会决议将每年的4月22日定为"世界地球日"。活动旨在唤起人类爱护地球、保护家园的意识，促进资源开发与环境保护的协调发展，进而改善地球的整体环境。中国从20世纪90年代起，每年都会在4月22日举办世界地球日活动。

延伸阅读

"十二五"能源消费总量达43.1亿吨标准煤

北京理工大学能源与环境政策中心发布的"十二五"能源预测报告显示，2015年我国一次能源消费总量将达43.1亿吨标准煤。而就在不久前，国家能源局提出"十二五"能源消费总量指标拟定为40亿吨标准煤红线。

合理控制能源消费总量已经明确写进"十二五"规划建议，但目前尚未确定量化指标。北京理工大学专家廖华认为，合理控制并不是要最大幅度地减少。他指出，在将来的一段时间，能源需求量和能源消耗量都会不可避免地增长。

报告预计，"十二五"时期我国经济年均增速将低于"十一五"时期，但仍会高达 9.7%。当前舆论普遍认为，"十二五"规划将很可能将经济增速目标定在 7% 左右。廖华认为，政府规划重在引导，实际增速很可能超过规划目标。

报告分析指出，当经济增速处于 9%～10% 的区间时，能源消耗规模也会增长较快。2015 年我国一次能源生产总量将达到 36.3 亿吨标准煤，能源消费总量为 43.1 亿吨标准煤，全社会发电量为 5.5 亿千瓦时，三个指标值均位于世界第一。

廖华说："合理控制能源消费总量是一个长远的目标，2015 年可能难以看到效果，也许要到 2030 年才能实现这一目标。"

廖华认为，改善能源利用效率是应对能源与气候挑战的首要途径。单位 GDP 能耗是能源利用效率的一个重要指标。报告预计"十二五"期间，我国单位 GDP 能耗将会下降 17%，较"十一五"20% 的下降速度略有放缓。同时，能源结构清洁低碳化趋势显著，天然气消费量将会显著增长，非石化能源消费比重将超过 11%，2015 年将减少排放二氧化碳 24 亿吨。

低碳与节能
DITAN YU JIENENG

所谓低碳经济，是按照可持续发展的思路和理念，通过技术革新、制度更新、产业转型、寻找新能源等多种手段，尽可能地减少煤炭、石油、天然气等高碳能源消耗，减少温室气体排放，达到经济社会发展与生态环境保护双赢的一种经济发展形态。

发展低碳经济，一方面是积极承担环境保护责任，完成国家节能降耗指标的要求；另一方面是调整经济结构，提高能源利用效益，发展新兴工业，建设生态文明。

这是摒弃以往先污染后治理、先低端后高端、先粗放后集约的发展模式的现实途径，是实现经济发展与资源环境保护双赢的必然选择。

低碳经济

低碳经济是以减少温室气体排放为目标，构筑低能耗、低污染为基础的经济体系，它包括低碳能源系统、低碳技术和低碳产业体系三个方面。

低碳能源系统是指通过发展清洁能源，包括太阳能、风能、地热能、核能和生物质能等替代煤、石油等化石能源以减少二氧化碳排放。

低碳技术包括清洁煤技术和二氧化碳捕捉及储存技术等等。

低碳产业体系包括火电减排、新能源汽车、节能建筑、工业节能与减排、循环经济、资源回收、环保设备、节能材料等等。

低碳经济的起点是统计碳源和碳足迹。二氧化碳有三个重要的来源，其中，最主要的碳源是火电排放，占二氧化碳排放总量的41%；增长最快的碳源则是汽车尾气排放，占比25%，特别是在我国汽车销量开始超越美国的情况下，这个问题越来越严重；建筑排放占比27%，随着房屋数量的增加而稳定地增加。

发展低碳经济的意义

当前，气候变化成为国际的一个重要问题。发达国家为应对气候变化，形成了新的管理理念，制定相关政策措施，加大技术创新投入，以便在未来的产业竞争中抢占先机。在这样的形势下，我国发展低碳经济，也是十分必要的。

1. 发展低碳经济，维持可持续发展。

我们不能再以资源、能源高消耗和环境重污染来换取一时的经济增长了。如果还把GDP作为发展的全部，还以廉价资源或出口退税换取GDP，虽然口袋里的钱多了，但生存的环境恶化了，空气变脏了，水变黑了，就与发展的本意背离了，就与科学发展观的本质要求相悖了。

发展低碳经济更多的是转变发展方式，减轻单位GDP的资源和环境代价，通过向自然资源投资来恢复和扩大资源存量，运用生态学原理设计工艺与产业流程来提高资源效率，使发展的成果更好地为人民所共享。

2. 发展低碳经济，调整产业结构。

有一种误解认为，要发展低碳经济就要抛弃钢铁、建材等高耗能的产业，因而不能发展低碳经济。

但我国处于快速工业化和城镇化阶段，大规模的基础设施建设需要钢材、水泥、电力等的供应保证，这些高碳产业是新一轮经济增长的带动产业，也无法通过国际市场满足国内的巨大需求，这些产业的发展有其合理性。要通过发展低碳经济，提高资源、能源的利用效率，降低经济的碳强度，促进我国经济结构和工业结构优化升级。

3. 发展低碳经济，优化能源结构。

煤多油少气不足的资源条件，决定了我国在未来相当长的一段时间内，煤炭仍将是主要的一次性能源。

煤炭属于高碳能源，我国也没有廉价利用国际油气等低碳能源的条件。发展低碳经济，提高可再生能源比重，可以有效地降低一次性能源消费的碳排放。

4. 发展低碳经济，实现跨越式发展。

我国技术水平参差不齐，研发和创新能力有限。这是我们不得不面对的现实，也是我国由高碳经济向低碳转型的最大挑战。

近年来，我国可再生能源开发利用产业呈快速增加之势。如果加大投入，大力发展低碳经济，我国可以实现这个领域的跨越式发展。

5. 发展低碳经济，开展国际合作与竞争。

虽然我国工业化享有全球化、制度安排、产业结构、技术革命等后发优势，但我们不得不接受发达国家主导的国际规则，不得不在国际分工体系中处于利润的下端。发展低碳经济，不仅可以与发达国家共同开发相关技术，还可以直接参与新的国际游戏规则的讨论和制定，以利于我国的中长期发展和长治久安。

低碳经济的建议

1. 制定法律法规，形成低碳发展的长效机制。

走低碳发展之路，制度创新和技术创新是关键。因此，我国应开展"应对气候变化法"立法可行性研究。在相关法规修订中，增加应对气候变化的有关条款。如可以在规划、项目批准、战略环评的技术导则中加入气候影响评价的相关规定，逐步建立应对气候变化的法规体系。应加强管理能力建设，提高各级政府、企业及公众适应和减缓气候变化的能力。

探索建立有利于应对气候变化的长效机制与政策措施，从政府、企业和公众参与等方面推动低碳转型。借鉴国外发展低碳经济的经验和教训，制订气候变化国家规划，在条件相对成熟时创建碳市场，研究制定价格形成机制；制定财税激励政策，综合考虑能源、环境和碳排放的税种和税率，引导企业和社会行为，形成低碳发展的长效机制。

2. 建设低碳城市，未雨绸缪。

将低碳理念引入设计规范，合理规划城市功能区布局。在建筑物的建设中，推广利用太阳能，尽可能利用自然通风采光，选用节能型取暖和制冷系统；选用保温材料，倡导适宜装饰，杜绝毛坯房；在家庭推广使用节能灯和节能电器，在不影响生活质量的同时有效降低日常生活中的碳排放量。我国一些地方特别是有些城市发展低碳经济的热情很高，应该出台相关的指导意见，规范低碳经济的内涵、模式、发展方向和评价体系等。

重视低碳交通的发展方向。加强多种运输方式的衔接，建设形成机动车、自行车与行人和谐的道路体系；建设现代物流信息系统，减少运输工具空驶率；加强智能管理系统建设，实行现代化、智能化、科学化管理；研发混合燃料汽车、电动汽车等新能源汽车，使用柴油、氢燃料等清洁能源，减轻交通运输对环境的压力。

3. 加强国际合作，研发技术。

走低碳发展道路，技术创新是核心。应采取综合措施，为企业发展低碳经济创造政策和市场环境。应研究提出我国低碳技术发展的路线图，促进生产和消费领域高能效、低排放技术的研发和推广，逐步建立起节能和能效、洁净煤和清洁能源、可再生能源和新能源以及森林碳汇等多元化的低碳技术体系，为低碳转型和增长方式转变提供强有力的技术支撑。应进一步加强国际合作，通过气候变化的新国际合作机制，引进、消化、吸收先进技术，通过参与制定行业能效与碳强度标准、标杆，开展自愿或强制性标杆管理，使我国重点行业、重点领域的低碳技术、设备和产品达到国际先进乃至领先水平。

4. 鼓励利益相关方参与。

低碳发展不但是政府主管部门或企业关注的事情，还需要各利益相关方乃至全社会的广泛参与。由于气候变化涉及面广、影响大，因此，应对气候变化首先需要各政府部门的参与，同时需要不同领域不同学科专家共同参与，加强研究、集思广益、发挥集体智慧。同时，应加强相关的舆论宣传。

总之，发展低碳经济，是我们转变发展观念、创新发展模式、破解发展难题、提高发展质量的重要途径。应通过产业结构以及能源结构的调整、科学技术的创新、消费方式的改变和优化、政策法规的完善等措施，大力发展循环经济和低碳经济，努力建设资源节约型、环境友好型、低碳导向型社会，实现我国经济社会又好又快发展。

知识点

生物质能

生物质能，就是太阳能以化学能形式贮存在生物质中的能量形式，即以生物质为载体的能量。它直接或间接地来源于绿色植物的光合作用，可转化为常规的固态、液态和气态燃料，取之不尽、用之不竭，是一种可再生能源，同时也是唯一一种可再生的碳源。

延伸阅读

低碳是工业文明的一大进步

低碳经济是人类有史以来，继农业文明、工业文明之后的又一次重大进步，是国际社会应对人类大量消耗化学能源、大量排放二氧化碳和二氧化硫及其引起的全球气候灾害而提出的新概念，其核心是能源技术创新和人类生存发展观念的根本性转变。

低碳经济定义的延伸，还包括降低重化工业比重，提高现代服务业比重的产业结构调整升级的内容；低碳经济的宗旨是发展以低能耗、低污染、低排放为基本特征的经济，降低经济发展对生态系统中碳循环的影响，实现经济活动中人为排放二氧化碳与自然界吸收二氧化碳的动态平衡，维持地球生物圈的碳元素平衡，减缓气候变暖的进程、保护臭氧层不致蚀缺。

广义的低碳技术除包括对核、水、风、太阳能的开发利用之外，还涵盖生物质能、煤的清洁高效利用、油气资源和煤层气的勘探开发、二氧化碳捕获与埋存等领域开发的有效控制温室气体排放的新技术，它涉及电力、交通、建筑、冶金、化工、石化、汽车等多个产业部门。

随着全球气候变暖对人类生存和发展的严峻挑战，随着全球人口和经济规模的不断增长，能源使用带来的环境问题及其诱因不断地为人们所认识，不止是烟雾、光化学烟雾和酸雨等的危害，大气中二氧化碳（二氧化硫）浓度升高带来的全球气候变化也已被确认为不争的事实。

在此背景下，"碳足迹"、"低碳经济"、"低碳技术"、"低碳发展"、"低碳生活方式"、"低碳社会"、"低碳城市"、"低碳世界"等一系列新概念、新政策应运而生。而能源与经济以至价值观实行大变革的结果，可能将为逐步迈向生态文明走出一条新路，即：摈弃20世纪的传统增长模式，直接应用新世纪的创新技术与创新机制，通过低碳经济模式与低碳生活方式，实现社会可持续发展。

作为具有广泛社会性的前沿经济理念，低碳经济其实没有约定俗成的定义。低碳经济也涉及广泛的产业领域和管理领域。

低碳经济年鉴

关于"低碳经济"一词的出处，最早见诸于政府文件应当在2003年，英国能源白皮书《我们能源的未来：创建低碳经济》一文。作为第一次工业革命的先驱和资源并不丰富的岛国，英国充分意识到了能源安全和气候变化的威胁，它正从自给自足的能源供应走向主要依靠进口的时代，按目前的消费模式，预计2020年，英国80%的能源都必须进口。同时，气候变化的影响已经迫在眉睫。而系统地谈论低碳经济，还应追溯至1992年的《联合国气候变化框架公约》和1997年的《京都协议书》。

2006年，前世界银行首席经济学家尼古拉斯·斯特恩指出，全球以每年GDP1%的投入，可以避免将来每年GDP5%～20%的损失，呼吁全球向低碳经济转型。

年底，中国科技部、发改委、中国气象局、国家环保总局等六部委联合发布了我国第一部《气候变化国家评估报告》。

2007年，中国正式发布了《中国应对气候变化国家方案》。

2007年初，河北保定提出了太阳能之城的概念，计划在整座城市中大规模应用以太阳能为主的可再生能源，以降低碳排放量。

2007年7月，美国参议院提出了《低碳经济法案》，表明低碳经济的发展道路有望成为美国未来的重要战略选择。

2007年7月，温家宝总理在两天时间里先后主持召开国家应对气候变化及节能减排工作领导小组第一次会议和国务院会议，研究部署应对气候变化工作，组织落实节能减排工作。

2007年9月8日，中国国家主席胡锦涛在亚太经合组织第15次会议上，本着对人类、对未来的高度负责态度，明确主张"发展低碳经济"，令世人瞩目。

同月，国家科学技术部部长万钢在2007中国科协年会上呼吁大力发展低碳经济。

2007年12月3日，联合国气候变化大会在印尼巴厘岛举行，15日正式通过一项决议，决定在2009年前就应对气候变化问题新的安排举行谈判，制订了世人关注的应对气候变化的"巴厘岛路线图"。该"路线图"为2009年前应对气候变化谈判的关键议题确立了明确议程，要求发达国家在2020年前将温室气体减排25%～40%。"巴厘岛路线图"为全球进一步迈向低碳经济起到了积极的作用，具有里程碑的意义。

2007年12月26日，国务院新闻办发表《中国的能源状况与政策》白皮书，着重提出能源多元化发展，并将可再生能源发展正式列为国家能源发展战略的重要组成部分。不再提以煤炭为主。

联合国环境规划署确定2008年"世界环境日"（6月5日）的主题为"转变传统观念，推行低碳经济"。

2008年1月28日，世界自然基金会正式启动"中国低碳城市发展项目"，以期推动城市发展模式的转型，保定和上海是首批入选的两个试点城市。根据世界自然基金会和保定签订的《合作备忘录》，在"新能源产业带动城市低碳发展"的原则下，双方的合作将重点集中在：新能源产业及低碳经济发展方面先进理念和经验的引入；保定市成功经验的国内外推广；保定市新能源产业发展的能力建设。世界自然基金会将通过项目促进保定可再生能源及能效产品的出口和应用，对项目进行国内外宣传和推广，并为项目提供部分资金支持。保定市政府则将为项目提供相应的配套资金和人力物力，以确保项目顺利实施。

2008年6月27日，胡锦涛总书记在中央政治局集体学习上强调，必须以对中华民族和全人类长远发展高度负责的精神，充分认识应对气候变化的重要性和紧迫性，坚定不移地走可持续发展道路。

2008 年，应低碳经济的趋势，深圳某环保科技有限公司开发了新的项目《减碳技术咨询服务》，并服务于企业近百家。项目包括评估减碳空间、实施减碳措施、评价减碳效果、形成减碳报告。

2008 年 7 月，日本北海道 G8 峰会上八国表示将寻求与《联合国气候变化框架公约》的其他签约方一道共同达成到 2050 年把全球温室气体排放减少 50% 的长期目标。

2008 年"两会"，全国政协明确将"低碳经济"提到议题上来。

2008 年 6 月，清华大学在国内率先正式成立低碳经济研究院。

2009 年，作为世界五百强之首的沃尔玛，实施了一项可持续发展计划，作为计划的一个部分，要求其供应商 2009 年相对 2007 年单位产品能耗下降 7%，2012 年下降 20%。鉴于大多数供应商对达成节能目标可能缺乏方案，沃尔玛本次大会也邀请了十几家能源服务商为供应商提供节能咨询服务。

中国社会科学院 6 月在北京发布的《城市蓝皮书：中国城市发展报告》指出，在全球气候变化的大背景下，发展低碳经济正在成为各级部门决策者的共识。节能减排，促进低碳经济发展，既是救治全球气候变暖的关键性方案，也是践行科学发展观的重要手段。

2009 年 9 月，胡锦涛主席在联合国气候变化峰会上承诺："中国将进一步把应对气候变化纳入经济社会发展规划，并继续采取强有力的措施。一是加强节能、提高能效工作，争取到 2020 年单位国内生产总值二氧化碳排放比 2005 年有显著下降；二是大力发展可再生能源和核能，争取到 2020 年非化石能源占一次能源消费比重达到 15% 左右；三是大力增加森林碳汇，争取到 2020 年森林面积比 2005 年增加 4000 万公顷，森林蓄积量比 2005 年增加 13 亿立方米；四是大力发展绿色经济，积极发展低碳经济和循环经济，研发和推广气候友好技术。"

2010 年 3 月 11 日，中国国际经济合作学会杨金贵在《北京财经周刊》发表文章《2010，以低碳经济为核心的产业革命来临》，指出，一场以低碳经济为核心的产业革命已经出现，低碳经济不但是未来世界经济发展结构的大方向，更已成为全球经济新的支柱之一，也是我国占据世界经济竞争制高点的关键。引起广泛关注。

2010 年 3 月，生态环保、可持续发展成为两会的主题，全国政协"一号提案"内容就是谈低碳环保。温家宝政府工作报告在今年要重点抓好八个方面工作中指出：国际金融危机正在催生新的科技革命和产业革命。发展战略性新兴产业，抢占经济科技制高点，决定国家的未来，必须抓住机遇，明确重点，有所作为。要大力发展新能源、新材料、节能环保、生物医药、信息网络和高端制造产业。

2010 年 4 月，当各大国际会议开始关注地球"健康"、探索绿色经济、低碳经济，当"地球一小时"吸引越来越多的世界城市参与，当 4 月 22 日第四十一个"世界地球日"的到来，又一次唤起了人们爱护地球母亲的拳拳之心。

➡ 知识点

白皮书

一国政府或议会正式发表的以白色封面装帧的重要文件或报告书的别称。各国的文件分别有其惯用的颜色，封面用白色，就叫白皮书，如 1949 年 8 月美国发表的《美国与中国的关系的声明》为白皮书。封面用蓝色，叫蓝皮书（如英国）；用红色，叫红皮书（如西班牙）；用黄色，叫黄皮书（如法国）；用绿色，叫绿皮书（如意大利）等。使用白皮书和蓝皮书的国家最多，特别是白皮书已经成为国际上公认的正式官方文书。不过，一国使用的文件封面颜色也可以有多种。如日本防卫年度报告用白皮，叫防卫白皮书，其外交年度报告则用蓝皮，叫外交蓝皮书。

延伸阅读

低碳经济促进可持续发展

低碳经济是碳排放量、生态环境代价及社会经济成本最低的经济，是一种能够改善地球生态系统自我调节能力的可持续性很强的经济。

低碳经济有两个基本点：其一，它是包括生产、交换、分配、消费在内的社会再生产全过程的经济活动低碳化，把二氧化碳（二氧化硫）排放量尽可能减少到最低限度乃至零排放，获得最大的生态经济效益；其二，它是包括生产、交换、分配、消费在内的社会再生产全过程的能源消费生态化，形成低碳能源和无碳能源的国民经济体系，保证生态经济社会有机整体的清洁发展、绿色发展、可持续发展。

在一定意义上说，发展低碳经济就能够减少二氧化碳排放量，延缓气候变暖，所以就能够保护我们人类共同的家园。

中国低碳经济的挑战

在全球变暖、天灾频发的背景下，以低能耗、低污染为基础的"低碳经济"成为全球热点。低碳经济的争夺战，已在全球悄然打响。这对中国，是压力，也是挑战。

第一，随着工业化、城镇化、现代化的加快，中国正处在能源需求快速增长阶段，大规模基础设施建设难以停止；长期的贫穷落后，为追求改善和提高人民的生活水平，也带来能源消费的持续增长。"高碳"特征突出的"发展排放"，成为中国可持续发展的一大制约。怎样既确保人民生活水平不断提升，又不重复西方发达国家以牺牲环境为代价谋发展的老路，是中国必须面对的难题。

第二，"富煤、少气、缺油"的资源条件，决定了中国能源结构以煤为主，低碳能源资源的选择有限。电力中，水电占比只有20%左右，火电占比达77%以上，"高碳"占绝对的统治地位。据计算，每燃烧一吨煤炭会产生

4.12 吨的二氧化碳气体，比石油和天然气每吨多 30% 和 70%，而据估算，未来 20 年中国能源部门电力投资将达 1.8 万亿美元。火电的大规模发展对环境的威胁，不可忽视。

第三，中国经济的主体是第二产业，这决定了能源消费的主要部门是工业，而工业生产技术水平落后，又加重了中国经济的高碳特征。资料显示，1993—2005 年，中国工业能源消费年均增长 5.8%，工业能源消费占能源消费总量约 70%。采掘、钢铁、建材水泥、电力等高耗能工业行业，2005 年能源消费量占了工业能源消费的 64.4%。调整经济结构，提升工业生产技术和能源利用水平，是一个重大课题。

第四，影响中国经济由"高碳"向"低碳"转变的最大问题，是整体科技水平落后，技术研发能力有限。尽管《联合国气候变化框架公约》规定，发达国家有义务向发展中国家提供技术转让，但实际情况与之相去甚远，中国不得不主要依靠商业渠道引进。据估计，以 2006 年的 GDP 计算，中国由高碳经济向低碳经济转变，年需资金 250 亿美元。这样一个巨额投入，显然是尚不富裕的发展中中国的沉重负担。

知识点

经济结构

经济结构是指国民经济的组成和构造，它有多重含义。经济结构是一个由许多系统构成的多层次、多因素的复合体。影响经济结构形成的因素很多，最主要的是社会对最终产品的需求，而科学技术进步对经济结构的变化也有重要影响。一个国家的经济结构是否合理，主要看它是否建立在合理的经济可能性之上。结构合理就能充分发挥经济优势，有利于国民经济各部门的协调发展。经济结构状况是衡量国家和地区经济发展水平的重要尺度。不同经济体制，不同经济发展趋向的国家和地区，经济结构状况差异甚大。

延伸阅读

低碳经济的理想形态

"低碳经济"的理想形态是充分发展"风能经济"、"太阳能经济"、"氢能经济"、"生态经济"和"生物质能经济"。

由于技术的问题,现阶段太阳能发电的成本较高,是煤电、水电的5～10倍,一些地区风能发电价格高于煤电、水电;作为二次能源的氢能,目前离利用风能、太阳能等清洁能源提取的商业化目标还很远;以大量消耗粮食和油料作物为代价的生物燃料开发,更是在一定程度上引发了粮食、肉类、食用油价格的上涨,这对于中国这个人口大国来说实在不合时宜。

从世界范围看,预计到2030年太阳能发电也只达到世界电力供应的10%,而全球已探明的石油、天然气和煤炭储量将分别在今后40、60和200年左右耗尽。因此,在"碳素燃料文明时代"向"太阳能文明时代"(风能、生物质能都是太阳能的转换形态)过渡的未来几十年里,"低碳经济"、"低碳生活"的重要含义之一,就是节约化石能源的消耗,为新能源的普及利用提供时间保障。特别从中国能源结构看,低碳意味节能,低碳经济就是以低能耗低污染为基础的经济。

"戒除嗜好!面向低碳经济"的环境日主题提示人们,"低碳经济"不仅意味着制造业要加快淘汰高能耗、高污染的落后生产能力,推进节能减排的科技创新,而且意味着引导公众反思那些习以为常的消费模式和生活方式是浪费能源、增排污染的不良嗜好,从而充分发掘服务业和消费生活领域节能减排的巨大潜力。

低碳经济与产业调整

到2020年的时候,我国单位GDP的碳排放比2005年下降40%～45%,此计划已经作为约束性指标纳入国民经济和社会发展中长期规划,并制定相应的国内统计、监测、考核办法。据国际金融服务公司摩根士丹利的预测,中国潜在的节能市场规模达 8000 亿元。

长期以来，我国不少地区一直单纯强调 GDP 的增长，忽略了环保，针对这种局面，需要在短时间内进行有效控制，由此也要求新能源行业更快地发展与成熟。

现在国家正在制定新能源行业的振兴规划。规划将全面提升和发展新能源行业，包括创新能力，产业应用。中国已经形成了比较完整的风电、太阳能产业链，形成了产业的群体。

比如，光伏电池从最前端的硅材料，到生产多晶硅的原料，到铸锭、切片，生产电池，到生产组件，到建立电站，有完整的产业群，通过政府宏观政策推动和市场机制的导向，我们的基础力量已经开始形成了。

但是，传统行业的既有发展模式将遭到严峻挑战。除了传统的钢铁、水泥、电力、铝业等排放大户外，航空业也将可能遭受挑战。鉴于全球航空业每年大约排放 6.5 亿吨二氧化碳的现实，欧盟已经做出规定，在 2012 年以前，所有进出欧盟市场的全球 2000 多家航空公司都必须承担减排责任。这意味着国内航空公司都将付出更大的成本。

因此，我们需要打造新的低碳产业链来解决这一问题，目前我国产业链的价值分布是向资源型企业倾斜的，低碳经济的发展将改变这一分布。

1. 缩短能源、钢铁、交通、化工、汽车、建材等高碳产业所引申出来的产业链条，把这些产业的上、下游产业"低碳化"。

2. 调整高碳产业结构，逐步降低高碳产业特别是"重化工业"在整个国民经济中的比重，推进产业和产品向利润曲线两端延伸：向前端延伸，从生态设计入手形成自主知识产权；向后端延伸，形成品牌与销售网络，提高核心竞争力，最终使国民经济的产业结构逐步趋向低碳经济的标准。

3. 推进全球碳交易市场的发展。历史经验已经表明，如果没有市场机制的引入，仅仅通过企业和个人的自愿或强制行为是无法达到减排目标的。碳交易市场从资本的层面入手，通过划分环境容量，对温室气体排放权进行定义，延伸出碳资产这一新型的资本类型，而碳市场的存在则为碳资产的定价和流通创造了条件。

碳交易将金融资本和实体经济联通起来，通过金融资本的力量引导实体经济的发展，因此它本质上是发展低碳经济的动力机制和运行机制，是虚拟经济与实体经济的有机结合，代表了未来世界经济的发展方向。

总之，节能环保、新能源产业必将是未来各国产业发展的主要方向和新的利润增长点。我们必须通过各方面的不断努力，大踏步向低碳经济迈进。

➤➤ 知识点

摩根士丹利

摩根士丹利是一家全球领先的国际性金融服务公司，业务范围涵盖投资银行、证券、投资管理以及财富管理。公司在全球 37 个国家设有超过 1200 家办事处，公司员工竭诚为各地企业、政府机关、事业机构和个人投资者提供服务。摩根士丹利是最早进入中国发展的国际投资银行之一，多年来业绩卓越。

延伸阅读

中国式的低碳生活

开车还是骑自行车，穿棉布衣服还是化纤衣服，坐电梯还是爬楼梯？以前这只是一个随机的选择，如今在一部分国人眼里，则是严肃的生活态度问题，因为他们追求的是"低碳"的生活方式。

通过日常生活中的每个细小改变来减少温室气体二氧化碳的排放，这就是所谓的"低碳"生活方式。

"我更喜欢棉布衣服。因为生产化纤衣服要消费更多的石油和能源，排放更多的二氧化碳，这是不环保的。"一位市民说。

该市民还表示："我个人能做的都是小事，但是如果每个人都能够选择低碳的生活方式，效果就是巨大的。"

与此同时，一些与低碳生活有关的倡议小组，正在积极推广着"碳中和"的概念，即排放多少二氧化碳就得补偿多少。比如，一家三口如果一年用电 3000 千瓦时，就排放了 2.36 吨二氧化碳，那么他们需要种 22 棵树才能抵消自己对大自然的破坏。

这种减排方式也渐渐为企业所采用。比如：顾客预订机票时，网站将根据飞行里程告知产生的二氧化碳排放量，以及相应的补偿选项。比如，飞行 15000 千米积分 5000 点，就可以换一棵树苗，由非政府组织"根与芽"的志愿者种在内蒙古的沙漠地区。

据说顾客对这项服务反馈很好，开展 3 个月已经有 2300 多名顾客用积分换了树苗。

中国第一家实施"碳中和"的旅馆 URBN 一年前在上海开业。管理方说，旅馆从国际碳排放中介机构"零排放"购买了排放指标，这家有 26 个房间的旅馆运营所产生的二氧化碳都通过"零排放"机构的节能减排项目抵消掉了。

然而，调查显示，只有 16.5% 的人了解"碳中和"的理念。

路人甲："低碳？没听说过。我知道全球变暖。不过，这是不是二氧化碳引起的，还不好说吧。"他的观点也代表了一部分市民对低碳生活的意见。

"其实，低碳的生活方式就是传统的生活方式。节约一向是传统美德。可是现在，人们崇尚消费主义，总想赚更多的钱，住更大的房子，开更好的车子。"有市民说，"我希望中国人能够重拾传统哲学提倡的'天人合一'的理念。"

中国曾被称为"自行车王国"，现在却成为全球最有潜力的汽车市场之一。

社科院研究可持续发展的专家崔大鹏说："作为一个发展中国家，我们有责任防止全球变暖。如果所有的中国人都像美国人一样生活，我们也许需要五个地球。"作为世界上人口最多经济发展最快的国家，中国已经是第二大温室气体排放国，仅次于美国。

低碳城市——保定

2008 年夏天，来自联合国工业发展组织中国投资促进处的专家组一行七人，在对河北省保定市的新能源产业考察调研后普遍认为：保定的新能源产业发展迅猛，并已形成了完整的产业集群，该城市成为中国首个真正意义上的低碳城市希望很大。

专家组在此间的行程中，分别参观了即将竣工的中国首座电谷大厦、中国最完整太阳能光伏产业链企业——英利集团以及中国电谷风电产业园等，并就相关问题提出了建设性意见。

专家组负责产业集群与资本运作方案的专家罗响称，低碳城市是指城市在经济高速发展的前提下，保持能源消耗和二氧化碳排放处于较低的水平。保定的新能源已明显的形成了几大产业集群，这就构成了建设低碳城市的良好基础。保定或将成为中国首个真正意义上的低碳城市。

据悉，近年来保定市已形成光电、风电、节电、储电、输变电与电力自动化六大产业体系，新能源企业达一百六十余家，以"中国电谷"和"太阳能之城"享誉海内外，借此，保定已成为全球性保护组织 WWF（世界自然基金会）"中国低碳城市发展项目"的首批两个试点城市（另一个为上海）之一。

保定市高新区管委会主任马学禄表示，该市计划用 10 年左右的时间，建成一个销售收入超千亿、国际化的可再生能源与电力设备产业基地，探索出一条能源可持续利用的区域发展新路，使保定真正成为中国低碳经济发展的倡导者。

"我有幸到河北保定调研过，那儿的低碳设施让我吃惊，新能源份额占到 10%。说保定有一种新能源情结，一点也不为过。"不久前，来自英国兰卡斯特大学一位名叫大卫·泰菲尔德的低碳专家，这样描述他眼中的保定。

在发展可再生能源产业方面，

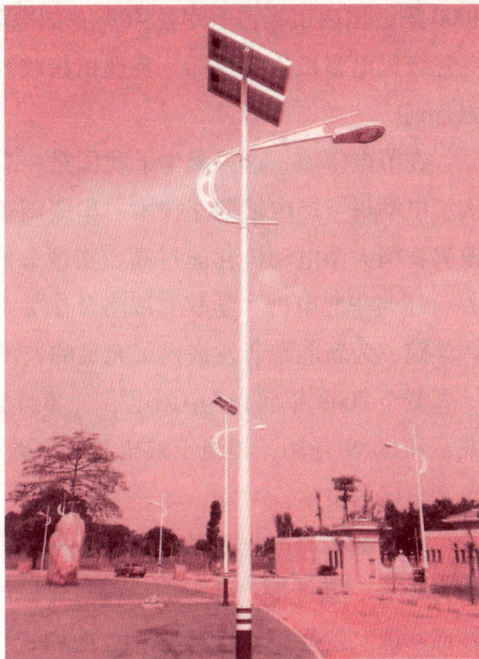

太阳能路灯

保定已具备了系统的发展思路与产业体系。

保定市 2008 年依然保持了主要经济指标 40% 以上的增速，实现销售收入 260.5 亿元，同比增长 46%；实现出口创汇 9.77 亿美元，同比增长 82.7%。

这里有我国唯一一家全产业链太阳能光伏电池生产企业——英利新能源有限公司，世界上最大的光伏电站项目 62 兆瓦葡萄牙茂拉光伏电站就是由该公司承建的，目前已并网发电。

2008 年英利公司实现销售收入 85 亿元。目前，该公司依然保持着光伏电池每瓦主原料硅和非硅成本消耗量最低的世界纪录。

由 15 位院士参与成立的我国第一个大功率风力发电叶片研发中心——保定华翼叶风电叶片研发中心也建设在这里，其自主研发的 2 兆瓦风电叶片已成功下线，3 兆瓦海上风机项目已被科技部列为国家科技支撑计划项目。

目前，"中国电谷"已经形成涵盖风电叶片、整机、控制等设备产业体系，其中中航惠腾公司已成为国内最大的风电叶片生产企业，叶片产量突破 4000 副，国内市场占有率达 40%；国电联合动力公司 2008 年实现 100 台 1.5 兆瓦级风电整机生产目标，实现销售收入 6 亿元，一举进入国内风电整机五强行列。

在节电领域，这里诞生了我国第一套高压大容量电机串级调速系统，以大型电动机节能内馈调速技术、串级调速技术为代表的自主创新项目，将为改善我国大型电动机耗能过高、实现节能减排提供有力技术支撑。"中国电谷"还与华北电力大学建立战略合作关系，共同组建了国内第一家可再生能源学院，为新能源研发提供了充足的人才储备。

截至 2008 年底，"中国电谷"累计售出光伏产品与风电产品分别为 500 兆瓦和 5089 兆瓦，相当于减排二氧化碳 1064 万吨，为缓解全球气候问题作出了自己的贡献。

目前新能源产业占保定市工业的比重为 14% 左右，对该市工业的贡献率约为 23%，新能源产业已成为保定建设低碳城市的重要支撑。保定先后被科技部、国家发改委等认定为全国唯一的"可再生能源产业化基地"、"新能源产业国家高技术产业基地"。该市计划再通过十年的努力，建设成一个年销售收入超 1000 亿元、利税超 200 亿元的新能源与能源设备产业发展基地，建成国内最大、面向世界的新能源产业领军城市。

知识点

光伏电池

太阳能光伏电池（简称光伏电池）用于把太阳的光能直接转化为电能。目前地面光伏系统大量使用的是以硅为基底的硅太阳能电池，可分为单晶硅、多晶硅、非晶硅太阳能电池。在能量转换效率和使用寿命等综合性能方面，单晶硅和多晶硅电池优于非晶硅电池。多晶硅比单晶硅转换效率低，但价格更便宜。

延伸阅读

太阳能之城

目前保定正在努力把自己建设为"太阳能之城"：一方面积极开展节能减排，实施"蓝天行动"、"碧水计划"和"绿萌行动"；一方面大力发展新能源产业，推动新能源技术的创新与应用。

2007 年以前，在保定城西北角，有一片 2300 多亩的空地，这里集中存放着热电厂产生的 2000 多万立方米粉煤灰，每到冬春多风季节，西北风卷着黑煤灰直扑市区……

如今，这个被市民称为"黑风口"的地方，正成为保定风电产业的"绿风口"——一个研发、制造、零部件、原材料配套的风电产业园已经初具规模，首期 10 个项目入园建设，预计投产后可实现产值百亿元。经过治理改造，困扰居民多年的污染也得到了彻底根治，村民高兴地说："过去一刮风，被子衣服都不敢拿出来晒，现在不落灰了，心里甭提多亮堂！"

作为建设低碳城市的重点内容之一，保定 2007 年提出三年建设"太阳能之城"的目标：通过在全市范围内引导、推广应用太阳能产品，力争到 2010

年实现节电4.3亿千瓦时目标，减排二氧化碳42.8万吨。

保定有1100多万人口，财政并不宽裕，自2007年以来，保定在"太阳能之城"建设上却已累计完成投资2.57亿元，目前已有105个居民生活小区完成太阳能应用改造，市区101个主要路口的交通信号灯全部改造成太阳能控制。不久前，世界首座光伏发电与五星级酒店一体化建筑电谷大厦也在保定正式投入使用。

新能源产业的迅速发展、新能源综合应用、节能减排措施的有效实施，为保定市建设低碳城市奠定了坚实的基础。因成绩突出，2008年保定市被科技部授予"国家综合利用太阳能示范城市"称号，在建设低碳城市的目标上，保定又前进了一步。

在此基础上，保定市还从城市生态环境建设、低碳社区建设、低碳化城市交通体系建设等方面入手，创新、完善低碳管理，促进低碳规划的有效实施。由国内低碳领域知名专家学者任顾问、保定市主要领导参与发起的"保定市低碳城市研究会"也挂牌成立了。

从传统的制造加工业到新兴的新能源产业，从培育、壮大低碳产业到低碳城市建设，保定经历了一个从不自觉到自觉、从陌生到不断深化认识的过程，一个由政府推动、企业实施、全社会共同参与的低碳发展格局正在保定逐步形成。

低碳城市的重要性

席卷全球的国际经济危机，对我国经济社会的可持续发展带来了前所未有的挑战和机会。能源与环境已成为中国可持续发展的主要瓶颈，按照目前的发展模式，中国人要达到欧美国家的生活水平，需要两个地球的资源才供养得起。

就GDP而言，维持中国当前的发展速度每年发展下限是8%，而我们的资源仅能支持经济发展到4%，并且很多资源已经过度开采。对于我们来说，要想发展，必须做出选择。这是中国政府在强势扭转，我们正在没有选择地走向"低碳经济"。

历史告诉我们，每一次经济危机常常伴随着一场新的科技革命。经济周期在经历了低谷之后往往会在一定时间内催生新技术、新产业，从而带动整个经济的新繁荣。

一个城市的低碳经济产业的发展，不仅可以为传统产业的振兴提供支撑，其自身也可以在这一过程中找到发展机遇。有关城市若在发展"低碳城市"过程中，通过率先发展低碳经济，打出"低碳城市"名片，不仅可以吸引资金和技术，促进产业升级和优化，还将提高能源效率、优化经济结构、促进消费者行为的低碳化，它还能使文明城市形象得以进一步的提升。另外，城市的低碳化还可以渗透到社会经济、文化体系乃至日常生活的各个环节，有着相当长的产业链，足以形成一股新的经济力量，影响发展和竞争格局。

不同时期，城市规划的发展必须符合实际。"低碳城市"理念中的促进人与自然的和谐，摒弃"粗放型"经济，向"集约型"经济过渡，崇尚健康、节约、平等、协调、共存，精神追求与物资满足协调，多种文化的互补与渗透都可以得到充分显现。必须认识到很多城市经济结构性矛盾的日益凸显，低层次重复性项目的建设较多，高新技术项目缺乏，传统产业比重仍然较大，增长方式偏重于粗放，创新驱动力不足等等，这些问题也是客观存在的。

知识点

经济危机

经济危机指的是一个或多个国民经济或整个世界经济在一段比较长的时间内不断收缩（负的经济增长率）。经济危机是资本主义经济发展过程中周期爆发的生产相对过剩的危机，也是经济周期中的决定性阶段。自 1825 年英国第一次爆发普遍的经济危机以来，资本主义经济从未摆脱过经济危机的冲击。经济危机是资本主义体制的必然结果。由于资本主义的特性，其爆发也是存在一定的规律的。

延伸阅读

低碳城市正在走红

低碳城市目前已成为全球城市的共同追求，很多国际大都市以建设发展低碳城市为荣。

自 2008 年初，国家建设部与世界自然基金会在中国大陆以上海和保定两市为试点联合推出"低碳城市"以后，"低碳城市"迅速"蹿红"，成为中国大陆城市的"花园城市"、"人文城市"、"魅力城市"、"最具竞争力城市"……

联合国环境规划署驻华代表处首任主任夏堃堡先生称"低碳经济是实现城市可持续发展的必由之路"。

著名学者林辉认为，建设低碳社会和低碳城市，正是对坚持科学发展观、构建和谐社会的最具体和有力的实践，并且具有全民的参与性、持续性，能够做到共建共享。

国家环境保护部副部长吴晓青提出，该部今后将着力做好包括加快研究制定国家低碳经济发展战略等五方面工作，以积极应对气候变化这一全球环境问题。

综合而言，可以预计，低碳城市将成为城市品牌的新高标。

低碳的经济藻类

对二氧化碳消耗最快的是什么？答案是：藻类。

比如说生产天然虾青素而养殖的雨生红球藻（一种单细胞的经济藻），每 100mL 的藻液要消耗 18g 左右的二氧化碳，藻类是一种浮游植物，在其生长繁殖的过程中除了少量的氮、磷、钾外绝大部分需要的是二氧化碳，二氧化碳转化为藻类的细胞壁以及脂类和多糖类。这是一个非常好的经济藻类。除了吸收二氧化碳以外，藻类还可以制造燃料，我们可以称之为能源藻。

几年前，美国科罗拉多的发明家吉姆·西尔斯开始构思大规模生产生物燃料的设计。他用塑料袋做生物反应器，用藻类做原料。他的生物燃料公司现已经成为几个领先的藻类生物燃料企业之一。

用藻类制造燃料的道理很简单，也有着很明显的优势：藻类是世界上生长最快的植物，生长条件也十分简单，仅仅需要水、阳光和二氧化碳。如果条件适合，藻类一夜之间就能体积加倍。藻类在生长过程中具有同时捕获二氧化碳和其他污染物的能力，通过光合作用，

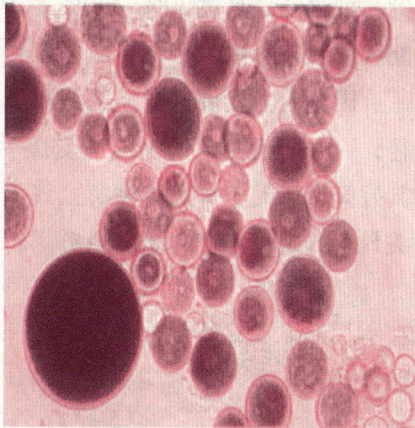

显微镜下的雨生红球藻

在体内产生油脂，其含油量很高，有些藻体内的油脂甚至占到体重的70%。这些油脂可以被人们收获并转变为生物柴油。藻类中的碳水化合物成分可以被发酵变成乙醇。这两种燃料都是比柴油或天然气更清洁的燃料。

但实际操作却是复杂的，藻类生物燃料的造价也是昂贵的。培养藻类的水温要刚好适合其增殖，而开放的池塘又容易混进入侵物种，大气中的二氧化碳浓度不够高时，也不足以刺激藻类呈指数型生长。

为此，西尔斯将藻类装在一个封闭的"光生物反应器"中。这个装置是用聚乙烯薄膜制成的密闭空间，二氧化碳可以被吹进这个系统，这些二氧化碳是发电厂或其他一些工厂的废气。这样做既减少工厂的温室气体排放，又为藻类生长提供了原料，可谓一举两得。西尔斯正在建设中的"光生物反应器"系统预计每天产油400万桶。

早在30年前，美国就启动了一个水生生物计划（简称ASP），耗资2500万美元，支持以高油含量藻类生产生物柴油。当时，美国科学家在加利福尼亚、夏威夷等地池塘中试验栽种藻类，初步结论让人兴奋：在浅水池塘中修建藻类农场，生产藻类燃料可提供足以代替化石燃料的生物柴油，用于交通和居家取暖。后来，因为细节处理不当，让一些不同种类的海藻入侵其中，最终没能有效地提取有足够价值的油料。1996年，油价开始一路下跌到20美元一桶，克林顿政府最终关闭了这一项目。

此外，荷兰某可替代燃料公司发现水藻可以用来提炼生物柴油，而且有

的品种含油量高达30%～70%。2008年5月，该公司宣布将使用由海藻提炼制成的航空燃油。

因此大力发展这类经济藻和能源藻是一个非常重要而有效的低碳经济途径，一方面消耗二氧化碳"变废为宝"，另一方面产生了新的能源。关键是其效能远远大于普通植物对二氧化碳的消耗量以及对太阳能的利用。荒山滩头均可养殖经济藻和能源藻类，而且可以立体养殖，因此值得大力发展。

知识点

生物柴油

生物柴油是指以油料作物、野生油料植物和工程微藻等水生植物油脂以及动物油脂、餐饮垃圾油等为原料油通过酯交换工艺制成的可代替石化柴油的再生性柴油燃料。生物柴油是生物质能的一种，它是生物质利用热裂解等技术得到的一种长链脂肪酸的单烷基酯。生物柴油是含氧量极高的复杂有机成分的混合物，这些混合物主要是一些分子量大的有机物，几乎包括所有种类的含氧有机物，如：醚、酯、醛、酮、酚、有机酸、醇等。

延伸阅读

藻类的经济价值

藻类在经济上的重要性主要表现在：

一、藻类通过光合作用固定无机碳，使之转化为碳水化合物，从而为水域生产力提供基础。海洋浮游藻的总生产力估计每年为3.1×10^9吨碳。在食物链的转换中，1千克鱼肉需100～1000千克浮游藻，因此浮游藻类资源丰富的海区都是世界著名渔场所在地，而浮游藻类的产量就成为估算海洋生产力的指标。

二、在池塘鱼类养殖中一般根据水色判断水质，而水色是由藻类的优势种及其繁殖程度决定的。如血红眼虫藻占优势种时表现红色水华，说明水质贫瘦；衣藻占优势时呈墨绿色水华且有黏性水泡，表示水质肥沃；微囊藻与颤藻、鱼腥藻占优势时池水呈铜锈色纱絮状水华，味臭有害于鱼；蓝裸甲藻占优势形成的蓝色水华是养殖鲢、鳙、鲤、鲫、非鲫高产鱼池的典型水质之一，但繁殖过盛也会使水质恶化造成鱼类泛池。此外，扁藻、杜氏藻、小球藻等单细胞藻类蛋白质含量较高，是贝类、虾类和海参类养殖的重要天然饵料。

三、固氮蓝藻是地球上提供化合氮的重要生物，也是可利用的重要生物氮肥资源。目前已知固氮蓝藻有 120 多种，在每公顷稻田中固氮量达 16 ~ 89 千克。

四、褐藻门的海带、裙带菜，红藻门的紫菜，蓝藻门的发菜，绿藻门的石莼和浒苔等都是重要的食用藻类。

五、藻类在工业上的用途主要是提供各种藻胶。褐藻门的海带、昆布、裙带菜、鹿角菜、羊栖菜等除供食用外，还可作为提取碘、甘露醇及褐藻胶的原料。巨藻、泡叶藻及其他马尾藻也可作为提取褐藻胶的原料。褐藻胶在食品、造纸、化工、纺织工业上用途广泛。从石花菜、江蓠、仙菜等可提取琼胶用作医药、化学工业的原料和微生物学研究的培养剂。从红藻门的角叉藻、麒麟菜、杉藻、沙菜、银杏藻、叉枝藻、蜈蚣藻、海萝和伊谷草等藻类中，可提取在食品工业上有广泛用途的卡拉胶。

日常生活中的节能知识

RICHANG SHENGHUOZHONG DE JIENENG ZHISHI

　　有人认为，能源使用大户是工厂企业，普通家庭及个人所消耗的能源不值一提。其实不然，工业能耗虽高，但日常生活中所消费的能源也不容忽视。比如日益庞大的私家车每天消耗着大量的油气资源，普通居民用电也是电力消费的主力军，居民生活用水更是城市水资源告急的根本原因。所以在日常生活中，节约能源就显得尤为重要。

　　日常节能的途径非常多，一般的如平时开关水龙头、随手关灯、拔掉充电器、调低空调温度、步行上班、使用节能灯泡照明、少用塑料袋等；大的方面如买家电、买汽车、买房子、装修等，许许多多的细节都有节能的空间。日常节能一方面可以缓解能源紧张的压力，保证经济社会平稳发展；另一方面，日常节能也可以带来环保效益和经济效益，既保护了我们生活的环境，又为我们节省了开支，可以说是一举多得。

家庭能耗猛于虎

　　家庭污染和社会能耗到底哪一个更严重呢？新近研究表明：社会工业生产造成的污染只占污染源的41%，现代家庭造成的污染却占59%。与社会相比，虽然家庭只是社会的一个细胞，而就污染的危害程度来说，家庭却相对严重一些，已经检测到的有毒有害物质达数百种，常见的也有十种以上。有一组统计数据可进一步证实家庭污染的危害性：即一个家庭一天平均要制造1.8千克垃圾、丢弃5个不可分解的塑料袋、2～3个一次性饭盒；一个家庭因洗头、洗澡、洗衣服等，一天平均制造200千克废水；一个家庭每天平均使用20克化学用品等。这些污染物和汇流成河的生活废水，每时每刻都在污染着我们的土地、河流和海洋。

据媒体报道，在一项针对2000多个家庭住户样本的室内污染状况调查中，结果显示：50%以上的家庭室内存在着污染，而"罪魁祸首"就是家用电器。更令人担忧的是，在被调查的家庭中，绝大多数还没有意识到家中的家电污染问题。目前家庭中常见由家电导致的污染包括细菌污染、辐射污染及噪声污染等，重则危害健康，甚至危及人的生命安全。

生活污水

看到这组数据不由得让我们惊讶，一直以来我们都要将污染的矛头指向工业生产，殊不知，其实最大的污染源就是我们自己，就是我们每一个家庭。我们平时不注重环保节能的后果，最后危害最大的，依然是我们自己，是我们赖以生存的美好家园，是我们原本洁净清幽的地球村。

在能源浪费方面，家庭也占有相当大的比重。多台电视机同时开；多个电脑同时用；没看电视时不切断电源，长期处于待机状态；几十上百瓦的白炽灯同时开好几个；声控灯感应器坏了，灯就没日没夜地亮着；饮水机二十四小时运作；有的电热户冬天用几个上千瓦的大电炉眼睛眨也不眨；打开水龙头哗哗一放就是好几分钟，等到热水出来了，才慢悠悠地洗漱……

点点滴滴，看来是微不足道的。但正是这样的点点滴滴，使居民区能源浪费现象显得相当突出。检查我们的行为，司空见惯的"无意识浪费"，在家庭生活中浪费掉的宝贵能源实在太多了。习惯成自然，且有很多浪费现象是人们长期养成的习惯，又习以为常，因此在节约家庭能源方面考虑得不多。

然而在现实生活中，我们要改掉那些不经意的浪费"习惯"，其实很简单，只需要举手之劳。

　　良好的生活和工作环境是我们人类赖以生存的条件，保护环境就是保护我们自己。面对地球生态环境日益恶化、资源日益短缺的现实，我们应该清醒地认识到：拯救地球、保护环境、节约能源，是我们共同的责任。家庭节能环保和我们的生活息息相关，而且很容易进行，做好家庭的节能环保工作，不仅节约了资源，也为家庭节约了一定开支，一举两得。

知识点

噪声污染

　　噪声是发生体做无规则振动时发出的声音，声音由物体振动引起，以波的形式在一定的介质（如固体、液体、气体）中进行传播，通常所说的噪声污染是指人为造成的。从生理学观点来看，凡是干扰人们休息、学习和工作的声音，即不需要的声音，统称为噪声。当噪声对人及周围环境造成不良影响时，就形成噪声污染。产业革命以来，各种机械设备的创造和使用，给人类带来了繁荣和进步，但同时也产生了越来越多而且越来越强的噪声。

延伸阅读

什么是碳足迹

　　"碳足迹"来源于英语"Carbon Footprint"，是指一个人的能源意识和行为对自然界产生的影响，简单地讲就是指个人或企业"碳耗用量"。打个比方，一个人开着车子在马路上转一圈后对能源的消耗、二氧化碳的产生及其对自然界的影响，就是一个碳足迹。

　　碳足迹是可以计算的。例如：

　　家居用电的二氧化碳排放量（kg）＝耗电度数×0.785×可再生能源电

力修正系数。

开车的二氧化碳排放量（kg）= 油耗公升数×2.5。

乘坐飞机的二氧化碳排放量（kg）：

短途旅行：200千米以内 = 千米数×0.275×该飞机的单位客舱人均碳排放；

中途旅行：200千米～1000千米 = 55+0.105×（千米数－200）；

长途旅行：1000千米以上 = 千米数×0.139。

通过以上换算后，还可以继续估算需补偿树的数目。如果按照30年冷杉吸收111kg二氧化碳来计算，我们可以得出碳足迹所需要种几棵树来补偿。

例如：如果你乘飞机旅行2000千米，那么你就排放了278千克的二氧化碳，为此你需要植三棵树来抵消；如果你用了100度电，那么你就排放了78.5千克二氧化碳。为此，你需要植一棵树；如果你自驾车消耗了100公升汽油，那么你就排放了250千克二氧化碳，为此，需要植三棵树……

如果不以种树补偿，则可以根据国际一般碳汇价格水平，每排放一吨二氧化碳，补偿10美元。用这部分钱，可以请别人去种树。

什么是绿色照明

绿色照明是一个系统工程，必须全面理解其含义。从绿色照明的宗旨可看出，它涉及照明领域的各方面问题，内容广泛而全面，内涵深刻。鉴于在理解和实施中存在一些片面性，至少应注重以下几个问题，完整地理解绿色照明。

1. 从保护环境的高度理解绿色照明。

照明节能是中心课题，但不仅要注重节能本身的意义，更要提高到降

绿色照明海报

低能耗而减少发电导致的有害气体的排放；此外，降低制灯的有害物质量（如汞、荧光粉等）及建立灯管的回收制度，降低灯具、电器附件的耗材量等，都直接或间接关系到保护环境。

2. 在提高照明质量的条件下实施节能。

绿色照明不是过去单纯的节能，而是在建立优质高效的照明环境基础上，去实施节约能源，这和我国当前提出的全面建设小康社会的目标是统一的。那种不顾及照明质量，降低照明标准的方法，片面追求节能，是不妥当的。

节能灯

3. 绿色照明远不只是推广应用某一种节能光源。

研究生产和推广应用优质高效的照明器材，是实施绿色照明的重要因素，而光源又是其中的第一要素。但高效光源有多种类型，如直管荧光灯、紧凑型荧光灯以及高强度气体（HID），其特点不同，应用场所也不同，都应给予重视；除光源外，还有灯具和与光源配套的电器附件（镇流器等），对提高照明系统效率和照明质量都有重要意义。

4. 重视照明工程设计和运行维护管理。

优质高效照明器材，是重要的物质基础，但是应同样重视照明工程设计，是制定总体方案、统管全局的要素，设计要合理确定照度，合适的照明方式，正确选用适应的光源、灯具，合理布置，保证照明质量等。如果设计不好，优质的照明器材也不能发挥最有效的作用，就不能很好地实施绿色照明。此外，在运行使用中，还要有科学、合理的维护与管理，才能达到设计的预期目标。

知识点

荧光粉

荧光粉（俗称夜光粉），通常分为光致储能夜光粉和带有放射性的夜光粉两类。光致储能夜光粉是荧光粉在受到自然光、日光灯光、紫外光等照射后，把光能储存起来，在停止光照射后，再缓慢地以荧光的方式释放出来，所以在夜间或者黑暗处，仍能看到发光，持续时间长达几小时至十几小时。带有放射性的夜光粉，是在荧光粉中掺入放射性物质，利用放射性物质不断发出的射线激发荧光粉发光，这类夜光粉发光时间很长，但因为有毒有害和环境污染等，所以应用范围小。

延伸阅读

什么是优质光源

1. 光源发出的光为全色光。所谓全色光，即光谱连续分布在人眼可见范围内，视觉不易疲劳。

2. 光谱成分中应没有紫外光和红外光。

因为长期过多接受紫外线，不仅容易引起角膜炎，还会对晶状体、视网膜、脉络膜等造成伤害。红外线极易被水吸收，过多的红外线经过人眼晶状体聚集时即被大量吸收，久而久之，晶状体会发生变性，导致白内障。

3. 光的色温应贴近自然光。

色温是用温度表示光的颜色的一种量化指标，因为人们长期在自然光下生活，人眼对自然光适应性强，视觉效果好。试验证明：自然光条件下的视觉对比灵敏度高于人工光5% ~20%以上。

4. 灯光为无频闪光。

频闪光是发光时出现一定频率的亮暗交替变化。普通日光灯的供电频率为50赫兹，表示发光时每秒亮暗100次，属于低频率的频闪光，会使人眼的调节器官，如睫状肌、瞳孔括约肌等处于紧张的调节状态，导致视觉疲劳，从而加速青少年近视。如果发光时的供电频率提高到数百赫兹以上，或改成直流供电，人眼即不会有频闪感觉，也不会造成视力伤害，这种光称为无频闪光。

必须同时具备以上四方面要求的光，才算是优质光源。市场上众多灯光源均存在不同程度的不足。如白炽灯，因红外光谱超过发光总光谱60%以上，全色光平衡不理想，色温较低，既造成电能的大量浪费，对人眼也不利。普通日光灯因紫外光成分较多，又居于低频率的频闪光，故光源质量不甚理想。市场上较多的电子整流的节能荧光灯，有一部分光源为无频闪光，又为全色光，色温也较接近自然光，不足之处是有紫外光。

冰箱节能与妙招

2007年，中国电冰箱企业年销售量合计达到3079万台，同比增长19.56%，其中，内销1427万台，同比增长了13.6个百分点，增长率为5年来最高水平，冰箱产业再次进入高速发展期。2008年前10月冰箱总零售量344万台，同比增加13.95%；冰箱总零售额88亿元，同比增长23.15%。由于传统含氟冰箱对臭氧层的破坏，目前城镇居民正在逐步淘汰含氟冰箱，取而代之的是更节能更环保的冰箱。正确使用冰箱，不仅能为家庭节省开支，更能为全社会的节能和环保作出贡献。

远离热源，保持空隙

冰箱周围的温度每提高5℃，其内部就要增加25%的耗电量。因此，应尽可能放置在远离热源处，以通风背阴的地方为好。热食不要直接放进冰箱，达到室温时再放入。冷冻室内的食品最好用塑料袋小包包装，可以很快冷冻，既不易发干，又免湿气变成霜；食品不宜装得太满，与冰箱壁之间应留有空隙，以利于流动冷气；冷冻的食品，在食用前最好有计划地把它转至冷藏室解冻。

开门忌频繁

如果开门过于频繁，一方面会使电冰箱的耗电量明显增加，同时也会降低电冰箱的使用寿命。由于电冰箱的箱门较大，如果开门次数较多，箱内的冷气外逸，箱外的暖湿空气乘机而入，就会使箱内温度上升。同时，进入箱内的潮湿空气容易使蒸发器表面结霜加快，结霜层增厚。由于霜的导热系数比蒸发器材料的导热系数要小得多，不利于热传导，造成箱内温度下降缓慢，

冰 箱

压缩机工作时间增加，磨损加快，耗电量加大。若蒸发器表面结霜层厚度大于 10 毫米时，则传热效率将下降 30% 以上，造成制冷效率大幅降低。另外，当打开箱门的同时，箱内照明灯就开启，既消耗电能又散发热量，显然也是不利于节能的。

停电保鲜，错峰用电

如果你担心用电高峰期导致"电荒"的话，我们建议你最好用科龙研制的具有"分时计电、停电保鲜"功能的冰箱。这种冰箱在拉闸限电、突然停电长达 20 小时的情况下，仍能制冷保鲜；而且，其"分时计电"功能可以避免在电价昂贵的用电高峰时段制冷，自动实现"错峰用电"。

以北京为例，如果晚上 22 点至次日凌晨 8 点的电价是高峰电价的 $\frac{1}{4}$，消费者就可将 22 点至 8 点的低谷时段信息输入冰箱电脑控制面板。这样，冰箱制冷系统在晚 22 点就自动开启，进行制冷和蓄冷，到早上 8 点电价上涨后，

由蓄电池驱动微型风扇，将蓄冷器的冷量吹送给冰箱内的食物，从而充分使用低价的谷电，避开了昂贵的峰电。

注意点

冰箱只能延长保存食物的期限，并不是万无一失的"保险箱"。若超过一定时间，冰箱内保存的各种食物就会失去原有的鲜美味道和营养成分。因为放进食物时可能已带进一些细菌及病毒，冰箱冷藏室的温度并非零度，不少病菌可潜伏在低温环境中，等待时间长了就会伺机大量繁殖，兴风作浪，使保存的食物发霉、腐败变质。不仅浪费了电能而且被丢弃的变质食物也会污染环境，故须采取以下预防措施：

1. 放入冰箱内的食品必须是清洁、干净的。水果、蔬菜及其他生食品洗净、沥干后才能放入。生鱼及鸡鸭类应除去内脏清水洗净后，方可放入冰箱。

2. 冰箱使用一至两周后，应用浸了温水的软布擦拭一至两遍，不可使用洗衣粉、去污粉及汽油去擦拭。

3. 生食和熟食不要保存在一个容器内，生的蔬菜、水果不要和生肉、鱼等接触，以防细菌污染。

4. 放入冰箱内的食品之间要有一定空隙，不要紧贴冰箱左、右壁及后壁，以便于冷气对流，冰箱内放物不宜过满。

5. 尽量减少开冰箱门时间及次数，减少外界热气进入。冷藏室放食品一般不宜超过5—7天，取出的食品如发现有发霉、腐败变味就不应再食用。

6. 盛夏炎热天气，从冰箱内取出的冷饮、冰冻饮料、水果、食物等应在室温下稍放置后再食用，避免突然受冷饮刺激引起胃痛、肠炎、腹泻或使原患有的高血压、冠心病、脑中风等病加重病情，老人、小孩尤为注意。

知识点

臭氧层

臭氧层是指大气层的平流层中臭氧浓度相对较高的部分，其主要作用是吸收短波紫外线。大气层的臭氧主要以紫外线打击双原子的氧气，把它分为两个原子，然后每个原子和没有分裂的氧分子合并成臭氧。臭氧分子不稳定，紫外线照射之后又分为氧气分子和氧原子，形成一个持续的过程——臭氧氧气循环，如此产生臭氧层。自然界中的臭氧层大多分布在离地 20～50 千米的高空。臭氧层中的臭氧主要是紫外线制造。2011 年 11 月 1 日，日本气象厅发布的消息说，该机构今年以来测到的南极上空臭氧层空洞面积的最大值超过 2010 年，已相当于过去 10 年的平均水平。

延伸阅读

冰箱病

"冰箱病"指的就是人吃了存放在冰箱中的食物，引起腹泻或是肠胃疾病的不良反应。食用从冰箱取出的食品不当可能引起形形色色的"冰箱病"，如冰箱头痛、冰箱肺炎、冰箱胃炎、冰箱肠炎等。冰箱冷藏室内的低温虽能抑制多数细菌的繁殖，但有些嗜冷霉菌仍可继续生长。现在人们普遍认为，有一种耶氏菌小肠结肠炎可能与电冰箱的普及有关，耶氏菌广泛存在于猪、狗、猫、牛、马、羊、兔、鸽等动物体内，并可长期存活。医生提醒，要防止冰箱病，必须做到：

1. 食物摆放有讲究：冰箱内存放的食品一定要生熟分开，防止交叉污染，食用前应检查食品质量。有些食品在放入冰箱前，需做一些处理，如蔬菜要先摘除腐叶，鱼类应先除去内脏和鳞；热的食品宜待充分冷却后再放入箱内；食品要用食品袋或用新鲜纸包装或放入密闭的容器内，以防止食品的干耗和串味；经解冻过的食品，不要再冷冻；生熟食物不宜混合放在一块，这样可减少食物的污染；剩饭菜要单独摆放，避免污染。食品亦不可堆积存放，互相之间要留适当的间隙。从冰箱里往外取食物时，用多少取多少，不要用不完又放进去。冰箱里存放食物不要太多，东西之间应有空隙，以利空气对流，若是大件大块的食品，应切开后存放。

2. 冷食不宜马上吃：从冰箱内取出的、不能再加热的食品，宜在室温下放置一段时间后再食用。冰箱里的冷饮、冷食，天气再热，也不要拿出来就吃，更不要在大汗淋漓、口渴难忍时过量食用。西瓜最好是现买现吃，如果需要冷处理，冰箱内放置时间不应超过两小时，这样既可防暑降温，又不伤脾胃。脾胃虚弱、消化能力较差的人最好少吃或不吃冷饮、冷食，儿童、老人尤要注意吃冷饮的卫生。

3. 存放时间有限制：要掌握不同食品的存放时间，选择适当的存放区。冰箱存放食物的时间不宜过长，肉类生品冷藏时间一般不宜超过两天，瓜果蔬菜不宜超过5天。对于南瓜、萝卜、洋葱、薯类、香蕉、罐头食品等不用冷藏，请勿放入冰箱内。为了不使冷藏食品存放超过规定时间，最好在冰箱外面挂上一个本子，以便记录存放时间。

4. 不宜放入冰箱冷藏的食物：黄瓜、青椒、茄子等蔬菜在冰箱中久存，会出现"冻伤"——变黑、变软、变味。香蕉、火龙果、芒果、荔枝、龙眼、木瓜、红毛丹等热带水果也不宜冷藏，否则果肉会变黑和变味。土豆、红薯、萝卜等，因其表皮比较厚实，一般不容易腐烂，不用放入冰箱储存，存放于室内阴凉干燥处即可。

5. 定期消毒有必要：冰箱要保持清洁，定期清洗，尤其是排气口和蒸发器。夏季要每星期对冰箱清洗、消毒一次，可用0.5%的漂白粉擦洗，特别注意擦洗箱缝、拐角、隔架，然后再用干净湿布抹干净。也可以在排气口和电冰箱下方的蒸发器内放置大蒜，用来杀菌消毒。

节能冰箱选购诀窍

从无氟到节能，冰箱的设计越来越朝着节能和环保的方向发展，选购什么样的节能冰箱才最环保呢？

第一招：抓保鲜。

冰箱虽然早已不是单纯的食物冷藏箱，但是冰箱核心的功能还是保鲜。据科学分析，要想保持食物的新鲜，一方面需要冰箱内部具有恒温强"冻力"，另一方面，需要保持冰箱内的空气净化新鲜。因为只有强劲的冻力，食物存储目的才能得以有效实现，因此，在冰箱选购中，冰箱的冻力一定得提高到一个高度。

在冻力把控上，目前市面上的大多数产品都做得不错，特别是一些靠技术突破的大品牌更是做出了自己独到的特色。如荣事达新推出的绿钻A＋＋系列产品，以采用新型制冷技术和工艺，不但确保了4.5kg强冻力，而且通过配备"钛光纳米除味"、"银离子杀菌"以及"－7度养鲜室"等创新功能，实现了健康、保鲜的两不误。

第二招：看能耗。

冰箱可是十足的"电老虎"，它的用电量占据了家庭整个用电的50％以上，故此，选择一台耗电量小的节能冰箱可是为你以后省钱的明智之举。不论能耗标识如何宣传，在选择时只要坚持"冻力、节能一个都不能够少"的二手齐抓的原则，走出雾里看花的困惑基本就没有问题了。所谓"冻力、节能一个都不能够少"，就是说我们在看冰箱日耗电时得同时看冰箱的冻力，不要偏颇地认为能耗数字越小就越省电，只有冻力和日耗电得到最佳结合才能够真正地为你带来"省"。

第三招：选容积。

可别小看冰箱的容积，目前市面上大的小的都有上千种，不要听见别人说买个大的显得大气就"冒失"地做出决定。冰箱是买给自己用的，不是买给别人看的，所以，选择适合自己的才是最好的。一般三口之家，190～220升就足够用了。大容量的冰箱虽然从一时的视觉上会给足你面子，可是其占据巨大空间、莫大的耗电"胃口"可会为你带来不少后顾之忧。除此之外，冰箱的外观、"保鲜室"等一些和生活紧密相关的设施也不能够忽略，购买时多看，多问，多比，坚持"冻力、能耗、有效容积"为基准的三大选购要点，然后再结合自己的实际需求做出购买决策，买到称心

大容积冰箱

如意的节能冰箱将不再是那样困难。

第四招：选购绿色冰箱。

所谓绿色电冰箱，就是不再将氟利昂做制冷剂的电冰箱。这样，就避免了氟利昂对地球大气臭氧层造成破坏。为此，在绿色电冰箱中，要选用不会破坏臭氧层的化学气体来代替氟利昂。最好的办法是另辟蹊径，干脆将制冷剂和压缩机、冷凝器、蒸发器等统统不要，应用半导体制冷器来制造电冰箱。

应用半导体制冷器的绿色电冰箱，不但彻底根治了氟利昂破坏臭氧层的源头，而且它还具有制冷快、体积小、没有机械和管道、无噪声、可靠性高等优点，能方便地实现制冷和制热，不仅极大地节约能源，而其非常有利于环保。有着十分广阔的发展前景。

知识点

冷凝器

冷凝器是空调系统的机件，能将管子中的热量，以很快的方式，传到管子附近的空气，大部分汽车的冷凝器置于水箱前方。它是把气体或蒸气转变成液体的装置。发电厂要用许多冷凝器使涡轮机排出的蒸气得到冷凝；在冷冻厂中用冷凝器来冷凝氨和氟利昂之类的致冷蒸气。

延伸阅读

夏天冰箱怎么用才能省电？

1. 要考虑冰箱摆放的位置，冰箱要放在阴凉通风处，避免阳光直射，远离热源，因为电冰箱周围的环境温度高将增加电冰箱的耗电量。

2. 要注意存放在冰箱的物体的物理性质和化学性质，冰箱内不得存放易燃、易挥发的化学试剂或药品，有气味、有腐蚀性以及需要保鲜防干的物品（如鱼、蔬菜、水果等）应用塑料薄膜或其他包装材料密封好再放入冰箱内贮存。

3. 不要长时间打开冰箱，或是频繁地打开冰箱门，做到冰箱开门时间要短，次数要少，开门角度要适中，可减少箱内冷气散失，有益于节能。

4. 发现门封条漏气应及时更换，避免从封条的缝隙散失冷气，冰箱失去冷藏保温的作用。

5. 还要考虑冰箱是否有智能化霜的功能，因为冰箱内的水分来自食品的含水量及开门时进入冰箱的空气中的水分，这些水分在蒸发器上凝结成霜，箱内温度越低，结霜速度越快，霜层也越厚，霜层传热比金属慢，会阻碍蒸发器的制冷效果，从而增加耗电，因此不具备自动除霜的冰箱在蒸发器上结霜厚度超过 4~5 毫米时应及时地人工清理。

节能电视能耗低

随着产品及市场的日益成熟，消费者在选购时对电视能耗指标的关注越来越重视，尤其是在平板电视越来越趋向于大屏幕的今天，能耗问题已经成为消费者挑选产品的一项重要指标。对平板电视的节能、降耗提出的全新挑战和要求，众多企业纷纷以"节能"、"环保"为主题，开展节能产品的研发和生产。例如使用可以反复回收利用的新型树脂材料，全面废止使用对环境有害的铅汞等重金属，还有一些企业则在技术升级上下足功夫，比如应用 IPS 硬屏、光感变频、AGT 超节能液晶屏、OPC 节能芯片、PMS 电源管理系统等节能技术，可以说在很大程度上控制了液晶电视功耗大的难题。而采用了节能技术的新产品正逐渐取代以往大功耗的产品，成为当今市场新的潮流。

电视节能大势所趋

能源紧张成为制约中国经济发展的一大突出问题。每到夏季用电高峰，许多城市都会拉闸限电，这给人们的生活造成很大的不便。与此同时，电力供应部门也由于生产成本的不断增加多次向国家提议抬高电价，更使节能降耗与每个人息息相关，成为全社会关注的焦点。

随着平板电视的快速普及，电视能耗、环保问题日渐成为消费者关注的焦点，人们越来越关注安全、健康、节能的电视产品。低能耗的省电平板电视不仅省钱，更重要的是可以消除安全隐患。功耗低，散热就少，不仅可以减缓元器件的老化速度，延长产品使用寿命，也减少了因为热而产生的众多安全隐患。随着市场的需求，产品节能必然会成为未来发展趋势。

新品频出 节能竞优

创维推出"省电液晶"电视，创维省电液晶是基于 SPP（系统、屏体、电源）省电平台构建的，应用屏变技术、奇美 AGT 超节能液晶屏、省电电源和电路优化方案，实现了液晶电视从待机到系统工作全程省电，将整体功耗减低将近一半，节能达 46% 以上。康佳近日发布的"节能运动高清新品"也是主打省电牌，包括业内最节能的 i－sport80 系列。"节能运动高清电视"整合了奇美 AGT 超节能液晶屏、OPC 节能芯片、PMS 电源管理系统等三项核心节能技术，可以使整机能耗降低 52% 以上。TCL 推出的系列产品则引用了自然光技术，该技术是 TCL 特有的尖端显示技术，同时也是中国家电业第一次

液晶电视

向国外输出自己的专利技术，加上低损耗电路设计，它最多能降低液晶电视能耗的 54%。海信推出超薄 LED 背光液晶电视，在提升画质的同时也将能耗降低 30% 以上，最低可至 50 瓦，待机功耗更是小于 0.1 瓦，而且模具全部采用符合环保标准的材料制成，没有任何射线产生，也不含铅和汞等有毒有害物质。

伴随消费市场对平板电视产品环保、节能需求的呼声越来越高，未来平板电视技术发展将更加环保化、节能化。高耗能的平板电视将随着消费者节能观念的提高而逐渐被低耗能、环保材料的产品所取代。

知识点

平板电视

平板电视顾名思义，就是屏幕呈平面的电视，它是相对于传统显像管电视机庞大的身躯作比较而言的一类电视机，主要包括液晶显示 LCD、等离子显示 PDP、有机电致发光显示 OLED、表面传导电子发射显示 SED 等几大技术类型的电视产品。平板电视所使用的平板显示器与传统的 CRT（阴极射线管）相比，具有薄、轻、功耗小、辐射低、没有闪烁、有利于人体健康等优点。目前，在全球销售方面，它已超过 CRT。到 2010 年，二者销售值的比达到 5∶1。21 世纪，平板显示器将成为显示器中的主流产品。据预测，全球平板显示器的市场将从 2001 年的 230 亿美元增加到 2006 年的 587 亿美元，未来 4 年的年均增长率将达到 20%。

延伸阅读

电视机选购指南

普通电视机的选购

1. 频道：一般选择预制频道数应大于 100 个以上。

2. 图像：一般电视机每秒钟播出 50 幅图像，这样的速度，肉眼看起来有闪烁感，时间久了眼睛会疲劳。而 100Hz 数码彩电通过数字信号处理，在一秒钟内播出 100 张图像，从而使图像的闪烁程度大大降低，画面清晰、稳定、流畅，即使长时间看电视，也不会觉得眼睛疲劳，属于环保型产品，有经济条件的用户应该尽量考虑。

3. 画面：纯平彩电是近期市场上的又一热点。其优点是不论你从什么角度去看节目，图像失真都能减小到最小程度，图像对比度高、画面层次更加分明，色彩更鲜艳，可大大减少环境光线在荧屏上的反射。

4. 用途：市面上推出的多媒体彩电，可与计算机相连。在不改变电视机现有工作方式的前提下，它采用数字存储及扫描技术，将计算机图像信号转换为电视机图像信号，在电视屏幕上显示，使电视机成为一台大屏幕显示器。

5. 声音：目前具有丽音功能的彩电种类很多，但只有符合中国标准的制式才比较适合我国消费者。有效的中国丽音制式有香港 PAL 和内地的 PAL－D。

背投电视的选购

1. 选购背投彩电应先考虑功能和机芯质量，机芯技术先进性对图像质量有决定性影响。

2. 背投电视的清晰度至少要达到 500 线，尽量选购照度高的投影电视。

3. 背投电视比普通显像管电视视角小，因此选购时其视角大小和亮度相当重要。

4. 图像，主要分为亮度、噪波点、色度几项。先将背投彩电的亮度进行由暗转亮的调控，以不出现明显的偏色为佳，如有偏色则说明彩电的阴极不平衡。其次是在无信号输入的情况下看噪波点，噪波点越多、越小、越圆就说明这台背投彩电的灵敏度越高。

5. 色度，将色度调至最小时，图像应是黑白，调至最大时应色彩浓郁，调至适当位置时，人物肤色应正常，层次应明显，无大色块聚积。

6. 声音，将音量电位器进行大小调控，以声音大小变化明显，声音柔和、洪亮为佳，不应有沙哑和交流声。

空调节能的窍门

空调节能窍门

1. 不要贪图空调的低温，温度设定适当即可。因为空调在制冷时，设定温度高2℃，就可节电20%。对于静坐或正在进行轻度劳动的人来说，室内可以接受的温度一般在27℃~28℃之间。

2. 过滤网要常清洗。太多的灰尘会塞住网孔，使空调加倍费力，损失不必要的电能。

3. 改进房间的维护结构。对一些房间的门窗结构较差，缝隙较大的，可做一些应急性改善。如用胶水纸带封住窗缝，并在玻璃窗外贴一层透明的塑料薄膜、采用遮阳窗帘，室内墙壁贴木制板或塑料板，在墙外涂刷白色涂料等，以减少通过外墙带来的冷气损耗。

4. 选择制冷功率适中的空调。一台制冷功率不足的空调，不仅不能提供足够的制冷效果，而且由于长时间不断地运转，还会减短空调的使用寿命，增加空调产生使用故障的可能性。另外，如果空调的制冷功率过大，就会使空调的恒温器过于频繁地开关，从而导致对空调压缩机的磨损加大；同时，也会造成空调耗电量的增加。

空调压缩机

5. 空调制冷时，导风板的位置调置为水平方向，制冷的效果会更好。

6. 连接室内机和室外机的空调配管短且不弯曲，制冷效果好且不费电。即使不得已必须要弯曲的话，也要保持配管处于水平位置。

环保空调

环保空调又叫蒸发式空气调节机、水冷空调、冷风机等，是一种近年兴起的利用水蒸发制冷的商用通风设备。

环保空调的结构：

环保空调是由表面积很大的特种纸质波纹蜂窝状湿帘、高效节能风机、水循环系统、浮球进水阀补水装置、水泵、机壳及电器元件等组成的。

降温原理是：水分蒸发时带走周围的热量，从而使空气的温度降低。

工作原理：当风机运行时环保空调腔内产生负压，使机外空气通过吸水性很强的湿帘进入腔内，湿帘上的水在绝热状态下蒸发，带走大量潜热，净化、冷却增氧的冷气被风机送入车间，通过不断对流，从而使厂房和车间达

环保空调

到制冷的效果。

通过风机抽风，机内产生负压，空气穿过湿帘，同时水泵把水输送到湿帘上的布水管，水均匀地湿润整个湿帘的接触面，而且湿帘的特殊角度使水流向空气进风的一侧，吸收空气中大量的热量，使通过湿帘的空气降温，同时得到过滤使送出的风变得凉爽、湿润且清新。而未蒸发的水落回底盘，形成水路循环。底盘上设有水位感应器，当水位降落到设定水位时，自动打开进水阀补充水源，当水位达到预定高度，将自动关闭进水阀。

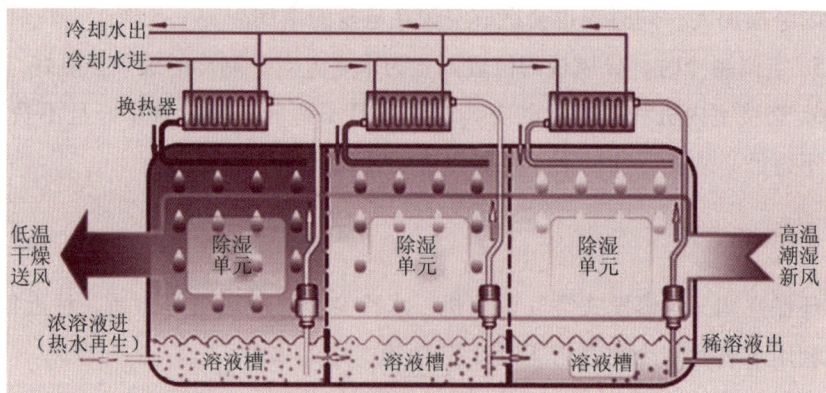

水冷空调原理

主要特点：

1. 投资少，效能大。

2. 正压式送风，开敞式使用，保护环境。

3. 能将室内浑浊、闷热及有异味的空气替换排出室外。

4. 耗电量少，每台每小时用电量在 0.5 ~ 0.8 千瓦时，无压缩机。

5. 每台环保空调送风量：8000～30000 立方米/每小时。

6. 每台冷风覆盖面积达 60～300 平方米。

7. 降温介质——湿帘。

价格便宜，一般只占中央空调投资成本的 50%，耗电量也只有中央空调的八分之一。

知识点

功　率

功率是指物体在单位时间内所做的功，即功率是描述做功快慢的物理量。功的数量一定，时间越短，功率值就越大。物理学里功率 $P=$ 功 $W/$ 时间 t，单位是瓦（W），我们在媒体上常常看见的功率单位有 kW、ps、hp、bhp、whpmw 等，还有意大利以前用的 cv，在这里边千瓦 kW 是国际标准单位，$1kW=1000W$，用 1 秒做完 1000 焦耳的功，其功率就是 1kW。日常生活中，我们常常把功率俗称为马力，就像将扭矩称为扭力一样。

延伸阅读

空调病

空调给人们带来舒爽的同时，也带来的一种疾病。长时间在空调环境下工作学习的人，因空气不流通，环境得不到改善，会出现鼻塞、头昏、打喷嚏、耳鸣、乏力、记忆力减退等症状，以及一些皮肤过敏的症状，如皮肤发紧发干、易过敏、皮肤变差等等。这类现象在现代医学上称之为"空调综合症"或"空调病"。

预防方法

1. 使用空调必须注意通风，每天应定时打开窗户，关闭空调，增气换气，使室内保持一定的新鲜空气，且最好每两周清扫空调机一次。

2. 从空调环境中外出，应当先在有阴凉的地方活动片刻，在身体适应后再到太阳光下活动；若长期在空调室内者，应该到户外活动，多喝开水，加速体内新陈代谢。

3. 空调室温和室外自然温度不宜过大，以不超过5℃为宜，夜间睡眠最好不要用空调，入睡时关闭空调更为安全，睡前在户外活动，有利于促进血液循环，预防空调病。

4. 在空调环境下工作、学习，不要让通风口的冷风直接吹在身上，大汗淋漓时最好不要直接吹冷风，这样降温太快，很容易发病。

5. 严禁在室内抽烟。

6. 应经常保持皮肤的清洁卫生，这是由于经常出入空调环境、冷热突变，皮肤附着的细菌容易在汗腺或皮脂腺内阻塞，引起感染化脓，故应常常洗澡，以保持皮肤清洁。

7. 使用消毒剂杀灭与防止微生物的生长。

8. 增置除湿剂，防止细菌滋生。

9. 不要在静止的车内开放空调，以防汽车发动机排出的一氧化碳回流车内而发生意外，即一氧化碳中毒。

10. 工作场所注意衣着，应达到空调环境中的保暖要求。

11. 空调开到26℃以上，节能，不易患病。

空调病的预防主要是上述十条，若出现感冒发热、肺炎、口眼歪斜时，就要及时请医生诊断治疗。

节能洗衣好处多

1. 每月手洗一次衣服。

随着人们物质生活水平的提高，洗衣机已经走进千家万户，虽然洗衣机给生活带来很大的帮助，但只有两三件衣物就用机洗，会造成水和电的浪费。如果每月用手洗代替一次机洗，每台洗衣机每年可节能约1.4千克标准煤，相应减排二氧化碳3.6千克。如果全国1.9亿台洗衣机都因此每月少用一次，那么每年可节能约 26 万吨标准煤，减排二氧化碳 68.4 万吨。

2. 每年少用 1 千克洗衣粉。

洗衣粉是生活必需品，但在使用中经常出现浪费；合理使用，就可以节能减排。比如，少用 1 千克洗衣粉，可节能约 0.28 千克标准煤，相应减排二氧化碳 0.72 千克。如果全国 3.9 亿个家庭平均每户每年少用 1 千克洗衣粉，1 年可节能约 10.9 万吨标准煤，减排二氧化碳 28.1 万吨。

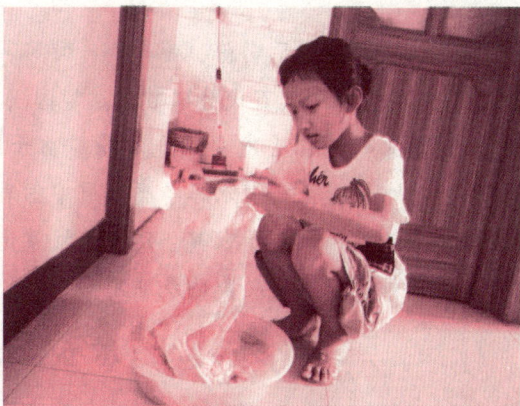

手洗衣服

3. 选用节能洗衣机。

节能洗衣机比普通洗衣机节电 50%，节水 60%，每台节能洗衣机每年可节能约 3.7 千克标准煤，相应减排二氧化碳 9.4 千克。如果全国每年有 10% 的普通洗衣机更新为节能洗衣机，那么每年可节能约 7 万吨标准煤，减排二氧化碳 17.8 万吨。

琳琅满目的洗衣粉

知识点

洗衣粉

洗衣粉是一种碱性的合成洗涤剂，洗衣粉的主要成分是阴离子表面活性剂：烷基苯磺酸钠，少量非离子表面活性剂，再加一些辅助剂、磷酸盐、硅酸盐、元明粉、荧光剂、酶等。经混合、喷粉等工艺制成。现在大部分用4A氟石代替磷酸盐。德国汉高在1907年以硼酸盐和硅酸盐为主要原料，首次发明了洗衣粉。由于洗衣粉能在井水、河水、自来水、泉水，甚至是海水等各类水质中都表现出良好的去污效果，并广泛使用于各类织物，所以其生产和使用就迅速发展起来了。现在，洗衣粉几乎是每一个家庭必需的洗涤用品了。

延伸阅读

碳汇是什么

所谓碳汇（Carbon Sink）主要是指森林吸收并储存二氧化碳的多少，或者说是森林吸收并储存二氧化碳的能力。碳源（Carbon Source）是指产生二氧化碳之源。它既来自自然界，也来自人类生产和生活过程。碳源与碳汇是两个相对的概念，即碳源是指自然界中向大气释放碳的母体，碳汇是指自然界中碳的寄存体。减少碳源一般通过二氧化碳减排来实现，增加碳汇则主要采用固碳技术。所谓固碳也叫碳封存，指的是增加除大气之外的碳库的碳含量的措施，包括物理固碳和生物固碳。物理固碳是将二氧化碳长期储存在开采过的油气井、煤层和深海里。生物固碳是利用植物的光合作用，通过控制碳通量以提高生态系统的碳吸收和碳储存能力，所以其是固定大气中二氧化碳最便宜且副作用最少的方法。生物固碳技术主要包括三个方面：一是保护现有碳库，即通过生态系统管理技术，加强农业和林业的管理，从而保持生态系统的长期固碳能力；二是扩大碳库来增加固碳，主要是改变土地利用方式，并通过选种、育种和种植技术，增加植物的生产力，增加固碳能力；三是可持续地生产生物产品，如用生物质能替代化石能源等。

日常吃穿和节能

少买不必要的衣服

服装在生产、加工和运输过程中，要消耗大量的能源，同时产生废气、废水等污染物。在保证生活需要的前提下，每人每年少买一件不必要的衣服可节能约2.5千克标准煤，相应减排二氧化碳6.4千克。如果全国每年有2500万人做到这一点，就可以节能约6.25万吨标准煤，减排二氧化碳16万吨。

减少住宿宾馆时的床单换洗次数

床单、被罩等的洗涤要消耗水、电和洗衣粉，而少换洗一次，可省电0.03度，水13升，洗衣粉22.5克，相应减排二氧化碳50克。如果全国8880家星级宾馆（2002年数据）采纳"绿色客房"标准的建议（3天更换一次床单），每年可综合节能约1.6万吨标准煤，减排二氧化碳4万吨。

减少粮食浪费

"谁知盘中餐，粒粒皆辛苦"，可是现在浪费粮食的现象仍比较严重。而少浪费0.5千克粮食（以水稻为例），可节能约0.18千克标准煤，相应减排二氧化碳0.47千克。如果全国平均每人每年减少粮食浪费0.5千克，每年可节能约24.1万吨标准煤，减排

节约粮食宣传海报

二氧化碳 61.2 万吨。

减少畜产品浪费

每人每年少浪费 0.5 千克猪肉，可节能约 0.28 千克标准煤，相应减排二氧化碳 0.7 千克。如果全国平均每人每年减少猪肉浪费 0.5 千克，每年可节能约 35.3 万吨标准煤，减排二氧化碳 91.1 万吨！

饮酒适量

如果青少年朋友有烟酒的不良嗜好，那你可要认真看下文了。戒烟戒酒不光有利身心健康和发育，还是一个有利于节能减排的事情。

1. 夏季每月少喝一瓶啤酒。

酷暑难耐，啤酒成了颇受欢迎的饮料，但"喝高了"的事情时有发生。在夏季的 3 个月里平均每月少喝 1 瓶，1 人 1 年可节能约 0.23 千克标准煤，相应减排二氧化碳 0.6 千克。从全国范围来看，每年可节能约 29.7 万吨标准煤，减排二氧化碳 78 万吨。

耗能77g标煤，排放200g CO_2

一瓶啤酒的能耗

2. 每年少喝 0.5 千克白酒。

白酒，丰富了生活，更成就了中华民族灿烂的酒文化。不过，醉酒却容易酿成事故。如果 1 个人 1 年少喝 0.5 千克，可节能约 0.4 千克标准煤，相应减排二氧化碳 1 千克。如果全国 2 亿"酒民"平均每年少喝 0.5 千克，每年可节能约 8 万吨标准煤，减排二氧化碳 20 万吨。

减少吸烟

吸烟有害健康，香烟生产还消耗能源，1 天少抽 1 支烟，每人每年可节能约 0.14 千克标准煤，相应减排二氧化碳 0.37 千克。如果全国 3.5 亿烟民都这么做，那么每年可节能约 5 万吨标准煤，减排二氧化碳 13 万吨。

禁止吸烟

禁止吸烟标识

➡️ **知识点**

标准煤

标准煤亦称煤当量，具有统一的热值标准。我国规定每千克标准煤的热值为7000千卡。将不同品种、不同含量的能源按各自不同的热值换算成每千克热值为7000千卡的标准煤。能源的种类很多，所含的热量也各不相同，为了便于相互对比和在总量上进行研究，我国把每千克含热7000千卡（29307.6千焦）的煤定为标准煤也称标煤。另外，我国还经常将各种能源折合成标准煤的吨数来表示，如1吨秸秆的能量相当于0.5吨标准煤，1立方米沼气的能量相当于0.7千克标准煤。

🌱 **延伸阅读**

你是低碳族吗？

什么样的人是低碳族呢？"低碳"是一种生活习惯，是一种自然而然的去节约身边各种资源的习惯，只要我们愿意主动去约束自己，改善我们的生活习惯，我们就可以随时加入进来。当然，低碳并不意味着就要我们刻意去节俭，刻意去放弃一些生活的享受，只要我们能从生活的点点滴滴做到多节约、不浪费，同样能过上舒适的"低碳生活"。

可以这样说，低碳生活就是返璞归真地去进行人与自然的活动，主要是从节电、节气和回收三个环节来改变生活细节，包括以下一些低碳的良好生活习惯：

1. 每天做饭的淘米水可以用来洗手、清洁家具、浇花等，不但干净卫生，而且自然滋润。

2. 将看过的废旧报纸铺垫在衣橱的最底层，不仅可以吸潮，还能吸收衣柜中的异味。

3. 女生们用过的面膜纸也不要轻易扔掉，用它来擦首饰、擦家具的表面或者擦皮带，不仅擦得亮还能留下面膜纸的香气。

4. 喝过的茶叶渣，把它晒干，收集起来，亲手缝制一个小小的茶叶枕头，既舒适，又能帮助改善睡眠。

5. 出门购物，尽量自己带环保袋或者手提篮子，无论是免费或者收费的塑料袋，都减少使用。

6. 出门自带水杯，尽量不用一次性纸杯。

7. 在餐厅里，多用消毒的永久性的筷子和饭盒，尽量避免使用一次性的筷子和餐盒。

8. 养成随手关闭电器电源的习惯，避免浪费电能。

9. 尽量不使用空调、电风扇，热时可用蒲扇或其他材质的扇子。

10. 如果还觉得不够，可以经过手工 DIY，将某些废弃物开发成新的工艺品继续使用，这样的家居环境健康且充满了创意的小欢乐。

倡导低碳饮食

随着社会的发展，人们的膳食越来越多地消费以多耗能源、多排温室气体为代价生产的畜禽肉类、油脂等高热量食物，肥胖发病率也随之升高。而城市中一些减肥群体又嗜好在耗费电力的人工环境里，如空调健身房、电动跑步机等进行瘦身消费，其环境代价是增排温室气体。

低碳饮食，就是低碳水化合物，主要注重限制碳水化合物的消耗量，增加蛋白质和脂肪的摄入量。目前我国国民的日常饮食，是以大米、小麦等粮食作物为主，是"南米北面"的饮食结构。而低碳饮食可以控制人体血糖的剧烈变化，从而提高人体的抗氧化能力，抑制自由基的产生，长期还会有保持体型、强健体魄、预防疾病、减缓衰老等益处。但由于目前国民的认识能力和接受程度有限，不能立即转变。因此，低碳饮食将会是一个长期的、艰巨的工作。不过相信随着人民大众普遍认识水平的提高，低碳饮食将会改变中国人的饮食习惯和生活方式。

人们要实现宏大的节能降耗战略，或许要取决于很多细微之处。人们应看到，这"细微之处"不只是制造业、建筑业中许多节能技术改进的细节，也包括日常生活习惯中许多节能细节。对于世界第一人口大国来说，每个人生活习惯中浪费能源和碳排放的数量看似微小，一旦以众多人口乘积计算，就是巨大的数量。

科技工作者和社会科学工作者都有责任从日常生活的方方面面向公众开展低碳经济、低碳生活的创意活动和普及工作，使党的十七大提出"节能减排"、"建设资源节约型、环境友好型社会"、"加强应对气候变化能力建设，为保护全球气候作出新贡献"的科学发展决策，变为全民的实际行动。

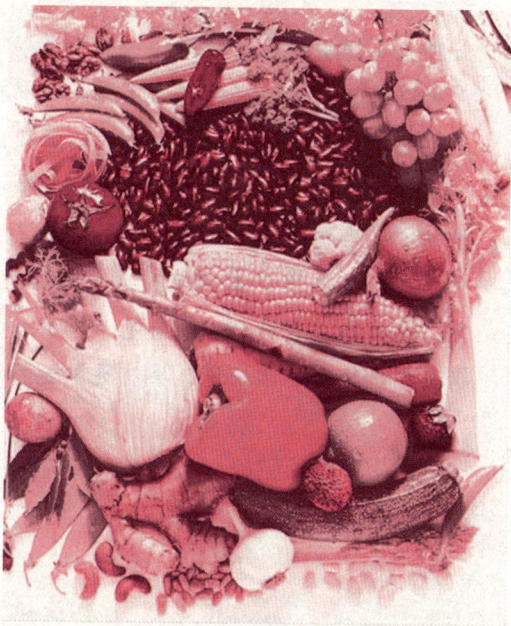

低碳食物

发展低碳经济，是中国的"世界公民"责任担当，也是中国可持续发展，转变经济发展模式的难得机遇。推行低碳经济，需要政府主导，包括制定指导长远战略，出台鼓励科技创新、节能减排、可再生能源使用的政策，减免税收、财政补贴、政府采购、绿色信贷等措施，来引领和助推低碳经济发展；但也需要企业认清方向自觉跟进，促进低碳经济发展的"集体行动"。只有更多企业改变目前的被动状态，自觉跟进低碳经济的发展步伐时，中国向低碳经济转换才有现实的基础和未来的希望。

➤➤➤ 知识点

碳水化合物

碳水化合物是由碳、氢和氧三种元素组成的，由于它所含的氢氧的比例为二比一，和水一样，故称为碳水化合物。它是为人体提供热能的三种主要的营养素中最廉价的营养素。食物中的碳水化合物分成两类：人可以吸收利用的有效碳水化合物如单糖、双糖、多糖和人不能消化的无效碳水化合物如纤维素，是人体必须的物质。

以糖类化合物为例，糖类化合物是一切生物体维持生命活动所需能量的主要来源。它不仅是营养物质，而且有些还具有特殊的生理活性。例如：肝脏中的肝素有抗凝血作用，血型中的糖与免疫活性有关。此外，核酸的组成成分中也含有糖类化合物——核糖和脱氧核糖。因此，糖类化合物对医学来说，具有更重要的意义。

延伸阅读

低碳是否会降低生活水平？

实现低碳生活是不是意味着降低城市居民的生活水平？这是一个困扰群众的问题。单从节约资源能源、环保以及减少碳排放等社会公益角度看，实现低碳生活是件好事，但从其要求来看，可能会影响人们好不容易提升起来的生活水平。比如人们在生活水平提高的同时，希望通过购买汽车或者排量大、性能更好的汽车来改善自己的出行条件，希望购买较大的住房来改善自己的居住条件，这些显然与低碳生活格格不入。

一些专家则认为，低碳的环境也是衡量人的生活水平的指标之一，没有良好的环境，必然会影响我们的生活水平。全面实现低碳生活与保持或提高市民生活水平之间并不冲突，它们的共同目的都是为了更好地改善人们的生存环境和条件，其中的关键是要找到一个结合点，探索一种低碳的可持续的消费模式，在维持高标准生活的同时尽量减少使用消费能源多的产品、降低二氧化碳等温室气体排放。

在低碳生活的问题上，人们需澄清一些认识上的误区。第一，低碳不等于贫困，贫困不是低碳经济，低碳经济的目标是低碳高增长。第二，发展低碳经济不会限制高能耗产业的引进和发展，只要这些产业的技术水平领先，就符合低碳经济发展需求。第三，低碳经济不一定成本很高，温室气体减排甚至会帮助节省成本，并且不需要很高的技术，但需要克服一些政策上的障碍。第四，低碳经济并不是未来需要做的事情，而是应从现在做起。第五，发展低碳经济是关乎每个人的事情，应对全球变暖，关乎地球上每个国家和地区，关乎每一个人。

因此，低碳生活不是一个落后的生活模式，搞低碳经济并不一定会降低我们的生活品质。在低碳经济状态下，交通便利、房屋舒适宽敞是可以得到保证的，可以采取低碳技术来解决这些问题。如城市中可以利用中水浇灌绿地，利用太阳能等可再生能源进行照明和日常使用，利用煤层气等清洁能源作为汽车的燃料，利用污水源、浅层水源、深层高温地下水源、土壤源等可再生能源热泵技术解决建筑的供热等。

科学用水也是节能

给电热水器包裹隔热材料

有些电热水器因缺少隔热层而造成电的浪费。如果家用电热水器的外表面温度很高，不妨自己动手"修理"一下——包裹上一层隔热材料。这样，每台电热水器每年可节电约 96 千瓦时，相应减少二氧化碳排放 92.5 千克。如

装有保温胆的热水器

果全国有 1000 万台热水器能进行这种改造，那么每年可节电约 9.6 亿千瓦时，减排二氧化碳 92.5 万吨。

淋浴代替盆浴并控制洗浴时间

盆浴是极其耗水的洗浴方式，如果用淋浴代替，每人每次可节水 170 升，

淋 浴

同时减少等量的污水排放，可节能 3.1 千克标准煤，相应减排二氧化碳 8.1 千克。如果全国 1000 万盆浴使用者能做到这一点，那么全国每年可节能约 574 万吨标准煤，减排二氧化碳 1475 万吨。

适当调低淋浴温度

适当将淋浴温度调低 1℃，每人每次淋浴可相应减排二氧化碳 35 克。如果全国 13 亿人有 20% 这么做，每年可节能 64.4 万吨标准煤，减排二氧化碳 165 万吨。

洗澡用水及时关闭

洗澡时应该及时关闭来水开关，以减少不必要的浪费。这样，每人每次可相应减排二氧化碳 98 克。如全国有 3 亿人这么做，每年可节能 210 万吨标准煤，减排二氧化碳 536 万吨。

使用节水龙头

使用感应节水龙头可比手动水龙头节水 30% 左右，每户每年可因此节能 9.6 千克标准煤，相应减排二氧化碳 24.8 千克。如果全国每年 200 万户家庭更换水龙头时都选用节水龙头，那么可节能 2 万吨标准煤，减排二氧化碳 5 万吨。

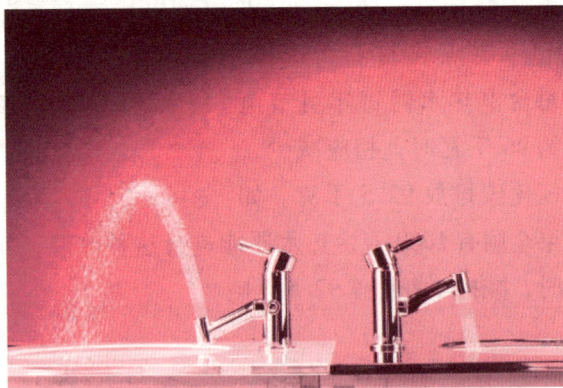

节水龙头

避免家庭用水跑、冒、滴、漏

一个没关紧的水龙头，在一个月内就能漏掉约 2 吨水，一年就漏掉 24 吨水，同时产生等量的污水排放。如果全国 3.9 亿户家庭用水时能杜绝这一现象，那么每年可节能 340 万吨标准煤，相应减排二氧化碳 868 万吨。

用盆接水洗菜

用盆接水洗菜代替直接冲洗，每户每年约可节水 1.64 吨，同时减少等量污水排放，相应减排二氧化碳 0.74 千克。如果全国 1.8 亿户城镇家庭都这么做，那么每年可节能 5.1 万吨标准煤，减少二氧化碳排放 13.4 万吨。

用太阳能烧水

太阳能热水器节能、环保，而且使用寿命长，1 平方米的太阳能热水器 1 年节能 120 千克标准煤，相应减少二氧化碳排放 308 千克。2006 年底，我国太阳能热水器面积已达

用盆洗菜

到 9000 万平方米左右，如果在此基础上每年新增 20% 的使用面积，那么全国每年可节能 216 万吨标准煤，减少二氧化碳排放 555 万吨。

知识点

太阳能

太阳能，一般是指太阳光的辐射能量，在现代一般用作发电。自地球形成生物起，这些生物就主要以太阳提供的热和光生存，而自古人类也懂得以阳光晒干物件，并作为保存食物的方法，如制盐和晒咸鱼等。但在化石燃料减少下，才有意把太阳能进一步发展。太阳能的利用有被动式利用（光热转换）和光电转换两种方式。太阳能是一种新兴的可再生能源。广义上的太阳能是地球上许多能量的来源，如风能、化学能、水的势能等等。

延伸阅读

世界水资源状况

地球表面的 72% 被水覆盖，但淡水资源仅占所有水资源的 2.5%，近 70% 的淡水固定在南极和格陵兰的冰层中，其余多为土壤水分或深层地下水，不能被人类利用。地球上只有不到 1% 的淡水或约 0.007% 的水可为人类直接利用，而中国人均淡水资源只占世界人均淡水资源的四分之一。

地球的储水量是很丰富的，共有 14.5 亿立方千米之多。地球上的水，尽管数量巨大，而能直接被人们生产和生活利用的，却少得可怜。首先，海水又咸又苦，不能饮用，不能浇地，也难以用于工业。其次，地球的淡水资源仅占其总淡水量的 2.5%，而在这极少的淡水资源中，又有 70% 以上被冻结在南极和北极的冰盖中，加上难以利用的高山冰川和永冻积雪，有 87% 的淡水资源难以利用。人类真正能够利用的淡水资源是江河湖泊和地下水中的一部分，约占地球总淡水量的 0.26%。全球淡水资源不仅短缺而且地区分布极不平衡。按地区分布，巴西、俄罗斯、加拿大、中国、美国、印度尼西亚、印度、哥伦比亚和刚果 9 个国家的淡水资源占了世界淡水资源的 60%。约占世界人口总数 40% 的 80 个国家和地区约 15 亿人口淡水不足，其中 26 个国家约 3 亿人极度缺水。更可怕的是，预计到 2025 年，世界上将会有 30 亿人面临缺水，40 个国家和地区淡水严重不足。

采用节能方式做饭

煮饭提前淘米，并浸泡十分钟

提前淘米并浸泡 10 分钟，然后再用电饭锅煮，可大大缩短米熟的时间，节电约 10%。每户每年可因此省电 4.5 千瓦时，相应减少二氧化碳排放 4.3 千克。如果全国 1.8 亿户城镇家庭都这么做，那么每年可省电 8 亿千瓦时，减排二氧化碳 78 万吨。

尽量避免抽油烟机空转

在厨房做饭时，应合理安排抽油烟机的使用时间，以避免长时间空转而浪费电能。如果每台抽油烟机每天减少空转 10 分钟，1 年可省电 12.2 千瓦时，相应减少二氧化碳排放 11.7 千克。如果对全国保有的 8000 万台抽油烟机都采取这一措施，那么每年可省电 9.8 亿千瓦时，减排二氧化碳 93.6 万吨。

抽油烟机

用微波炉代替煤气灶加热食物

微波炉比煤气灶的能源利用效率高，如果我国 5% 的烹饪工作用微波炉进行，那么与用煤气炉相比，每年可节能约 60 万吨标准煤，相应减排二氧化碳 154 万吨。

选用节能电饭锅

对同等重量的食品进行加热，节能电饭锅要比普通电饭锅省电约 20%，每台每年省电约 9 千瓦时，相应减排二氧化碳

微波炉

8.65千克。如果全国每年有10%的城镇家庭更换电饭锅时选择节能电饭锅，那么可节电0.9亿千瓦时，减排二氧化碳8.65万吨。

知识点

微波炉

微波炉，顾名思义，就是用微波来煮饭烧菜的。微波炉是一种用微波加热食品的现代化烹调灶具。微波是一种电磁波。微波炉由电源、磁控管、控制电路和烹调腔等部分组成。电源向磁控管提供大约4000伏高压，磁控管在电源激励下，连续产生微波，再经过波导系统，耦合到烹调腔内。在烹调腔的进口处附近，有一个可旋转的搅拌器，因为搅拌器是风扇状的金属，旋转起来以后对微波具有各个方向的反射，所以能够把微波能量均匀地分布在烹调腔内，从而加热食物。微波炉的功率范围一般为500~1000瓦。

延伸阅读

节能生活方式

中国人历来提倡艰苦朴素，勤俭持家。如果说那时提出的口号是因为物质条件还没有达到，那么现在在世界能源日渐短缺的情况下，更需要提倡这种精神和生活方式。作为不可再生性的石油、煤碳等资源，我们每天耗用的能源愈多，可留给未来使用的能源就愈少。而燃烧矿物、燃料产生的污染，正日益严重地破坏大自然的复杂调控机制，令地球气候反常。人们只有从自我做起，更有效地管理自己的家居，从而减少耗用能源，节省开支，才能有助于保护环境及保障我们未来的社会。

让自己变得"吝啬"一些

中国人"穷大方"由来已久，明明穷，却硬要作出"豪爽、慷慨、不在话下"的举止来。一桌人吃饭，不管人多少，末了非要剩下若干半碟半盘乃至整碟整盘的饭菜不可，否则宴请的主人就是"丢了面子"。由国家、单位、集体掏腰包的宴请，浪费更是惊人。

那么，现在我们有必要学一下日本人或西方人，有必要应酬时，4 个人吃的菜绝不点 6 个人吃的，吃完后最好不要剩下，如果剩菜也要打包带回家。这样做可以一方面减少资源的浪费，另一方面减少了垃圾的产生和处理垃圾的成本。不要小看你的这种行为，如果每个中国人都像你一样，中国每年节省下来的资金足够让全国的孩子免费从小学读到大学毕业。

到饭店吃饭时用消毒筷子，不使用饭店里的一次性方便筷，到市场买东西自己带布袋，不要商场赠送的塑料方便袋。这些行为在别人眼中看起来有些"土"，但地球和子孙后代将因此受益匪浅。因为你为他们留下了森林并减少了对自然的污染。

让使用节能家电成为时尚

饭菜浪费尚且不能影响国人的生活质量，因为饭菜可以再生再植。但煤电油就不一样了，倘若煤电油的消费也像饭菜消费一样，那种危险就好比是在自己的脚下挖坑。因为煤和油是不可再生资源，而电的来源目前仍然主要靠煤。

缺电危机使冰箱、空调等家电搭上了"节能快车"。虽然节能电器的市场价比普通电器要高，但是考虑到日后的使用、性能、寿命等综合因素，节能电器显然是一个性价比更高的选择。

当时专家预测分析指出，如果将电视机的待机能耗指标限定在 3 瓦以内，并假定彩电待机时间平均每天 2 小时，到 2011 年，累计节省电能可达到 116.12 亿千瓦时，可减少二氧化碳的排放 394 万吨，其他氮氧化物、二氧化硫等也会随之减少。因此，还是让我们做家电采购计划时，把节能型家电列入清单吧。例如节能冰箱，"新国标"的《家用电冰箱耗电量限定值及能源效率等级》已正式出台，凡是走上市场待售的冰箱都必须贴上节能标识，日耗电量高于 1.236 千瓦时的冰箱将被视为不合格产品。有专家测算，如果把中国家庭现有的普通冰箱都换成节能冰箱，在今后 15 年内平均每年可节能 20%，全国将少消耗电 1200 亿千瓦时。以每千瓦时电 0.61元计算，将节省 732 亿元。

过个节能低碳的春节

春节是中国人的传统节日，燃烟花、放爆竹、逛庙会、亲人团聚、走亲访友等传统的春节活动极容易造成奢侈浪费和环境污染。而随着全球变暖，健康环保的低碳生活理念越来越为人们所重视。在新春佳节中节约能源，改变高耗能的生活和消费习惯，过一个低碳、绿色的春节假期是现代人们的希望。"低碳春节"不仅是一个时尚的话题，更是一种道德的选择，一种负责任的生活态度。

低碳春节活动

声色篇

春节的时候各类晚会以及各个部门举办的各种活动，让人们目不暇接，难得的长假，网上看小说、韩剧、电影、玩游戏的年轻一族，一度把眼睛的使用率推到了"超速行驶"的境地。有人说，过年是精神压力放松到极致，而身体器官超负荷运行的阶段。如果一台电脑每天使用4小时，其他时间关闭，那么每年能节省约500元人民币，且能减少83%的二氧化碳排放量。

着装篇

过年过节还有一个部分很容易被忽略——身上的异味，由于玩转各式的亲戚和同学聚会，大吃大喝不说，各种菜味酒味鞭炮火药味夹杂在一起，真所谓"五味俱全"。人类无节制的高碳活动产生大量温室气体，引起全球变暖，已经成为名副其实的一场生态危机。对于不断增加的二氧化碳排放量，环保"补"碳游成为一种潮流。

在制订好出游计划之后，人们就可以估算自己的碳足迹了。碳足迹是指一个人的能源意识和行为对自然界产生的影响，简单而言，就是指个人的"碳耗用量"。现有的多数"碳足迹"计算器虽然版本众多，但是计算碳足迹的意义在于，一旦明白了你的碳足迹是从哪里来的，你就可以设法去减少它。

旅途中的酒店也是碳排放的大户，因而要做到碳补偿，最好首先就住绿色和碳中和的酒店，少排碳甚至不排碳。

交　通

春节期间人们要频繁地走亲访友，而此时的交通产生的二氧化碳占温室气体排放量30%以上，减少此类排放量的最好办法之一：乘坐公交车。美国公共交通联合会称，公共交通每年节省近53亿升天然气，这意味着能减少150万吨二氧化碳排放量。

燃放烟火篇

可以由当地省、市、县级政府牵头，公安、工商、环保、环卫等部门参与出台一个规定，在此期内，最好规定出燃放时间（避开大多数人休息时间）、地点（空旷地、远离易燃品和居民区）、人员（老人、少儿、行动不便者最好别参与）、种类（禁放大型的、烈性炸药的、劣质的鞭炮）等事项，防止乐极生悲。

漫画《枪林弹雨》

人民群众要喜庆，

也要安全和清新的环境，再说了，喜庆方式并不是放鞭炮一种，红烛、灯笼、对联、彩绸等等，群体的欢庆形式更多，扭秧歌、跑旱船、踩高跷、舞龙等不一而足，这些都是健康而环保的活动。

饮食篇

春节必不可少的是聚会、大吃大喝。每个人可以从自身开始，呼吁减少粮食浪费，尽可能的使用绿色蔬菜取代肉食。根据互动百科与气候组织合作的"互联网森林"项目内容，少吃 0.5kg 的肉，可以减排二氧化碳 700g。由此可见，少食用肉食是有助于减碳的。

肠胃呼唤低碳春节

知识点

炸 药

炸药，能在极短时间内剧烈燃烧（即爆炸）的物质，是在一定的外界能量的作用下，由自身能量发生爆炸的物质。一般情况下，炸药的化学及物理性质稳定，但不论环境是否密封，药量多少，甚至在外界零供氧的情况下，只要有较强的能量（起爆药提供）激发，炸药就会对外界进行稳定的爆轰式做功。炸药爆炸时，能释放出大量的热能并产生高温高压气体，对周围物质起破坏、抛掷、压缩等作用。

延伸阅读

漫说春节

春节俗称"年节"，是中华民族最隆重的传统佳节。自汉武帝太初元年始，以夏年（农历）正月初一为"岁首"（即"年"），年节的日期由此固定下来，延续至今。年节古称"元旦"。1911 年辛亥革命以后，开始采用公历（阳历）计年，遂称公历 1 月 1 日为"元旦"，称农历正月初一为"春节"。岁时节日，亦被称为"传统节日"。它历史悠久、流传面广，具有极大的普及性、群众性甚至全民性的特点。年节是除旧布新的日子。年节虽定在农历正月初一，但年节的活动却并不止于正月初一这一天。从腊月二十三（或二十四日）小年节起，人们便开始"忙年"：扫房屋、洗头沐浴、准备年节器具等等。所有这些活动，有一个共同的主题，即"辞旧迎新"。人们以盛大的仪式和热情，迎接新年，迎接春天。

年节也是祭祖祈年的日子。古人谓谷子一熟为一"年"，五谷丰收为"大有年"。西周初年，即已出现了一年一度的庆祝丰收的活动。后来，祭天祈年成了年俗的主要内容之一。而且，诸如灶神、门神、财神、喜神、井神等诸路神明，在年节期间，都备享人间香火。人们借此酬谢诸神过去的关照，并祈愿在新的一年中能得到更多的福佑。年节还是合家团圆、敦亲祀祖的日子。除夕，全家欢聚一堂，吃罢"团年饭"，长辈给孩子们分发"压岁钱"，一家人团坐"守岁"。元日子时交年时刻，鞭炮齐响，辞旧岁、迎新年的活动达于高潮。各家焚香致礼，敬天地、祭列祖，然后依次给尊长拜年，继而同族亲友互致祝贺。元日后，开始走亲访友，互送礼品，以庆新年。年节更是民众娱乐狂欢的节日，各种丰富多彩的娱乐活动竞相开展：耍狮子、舞龙灯、扭秧歌、踩高跷、杂耍诸戏等，为新春佳节增添了浓郁的喜庆气氛。此时，正值"立春"前后，古时要举行盛大的迎春仪式，鞭牛迎春，祈愿风调雨顺、五谷丰收。各种社火活动到正月十五，再次形成高潮。

因此，集祈年、庆贺、娱乐为一体的盛典年节就成了中华民族最隆重的佳节。而时至今日，除祀神祭祖等活动比以往有所淡化以外，年节的主要习俗，都完好地得以继承与发展。春节是中华民族文化的优秀传统的重要载体，它蕴含着中华民族文化的智慧和结晶，凝聚着华夏人民的生命追求和情感寄托，传承着中国人的家庭伦理和社会伦理观念。历经千百年的积淀，异彩纷呈的春节民俗，已形成底蕴深厚且独具特色的春节文化。近年来，随着物质生活水平的提高，人们对精神文化生活的需求迅速增长，对亲情、友情、和谐、美满的渴求更加强烈，春节等传统节日越来越受到社会各界的重视和关注。要大力弘扬春节所凝结的优秀传统文化，突出辞旧迎新、祝福团圆平安、兴旺发达的主题，努力营造家庭和睦、安定团结、欢乐祥和的喜庆氛围，推动中华文化历久弥新、不断发展壮大。

请关注你的衣柜

打开衣柜，看看里面有多少件衣服，按照一条裤子从生产到最终丢弃产生 47 千克碳排放来计算，那个小衣柜里装下了多么庞大的碳排放数字。低碳生活其实离我们并不遥远，从低碳服装开始，或许是最容易的。

塞满衣服的衣柜

很多人一说到低碳，总是想到要少用电、少开空调，其实服装也可以低碳。

低碳服装是一个宽泛的环保概念，泛指可以让我们每个人在消耗全部服装过程中产生的碳排放总量更低的方法，其中包括选用总碳排放量低的服装，选用可循环利用材料制成的服装，及增加服装利用率减小服装消耗总量的方法等。

各国研究证明服装生产使用中的碳排放不容小觑

有关服装生产和使用排放二氧化碳的数值，很多机构都在做相应研究。

例如有国外相关环保机构做过一系列调查，得出的结论是：一件约 400 克的 100% 涤纶裤子在经过辗转各国的原料采集、生产制作、销售直到消费者手中多次的洗涤、烘干、熨烫后，其全部耗电量约为 200 千瓦时，如果电能由煤提供，就会排放出约 47 千克的二氧化碳，相当于裤子本身重量的 117 倍。

英国剑桥大学在类似研究中得出结论，一件 250 克的纯棉 T 恤，从原材料提供到最后的回收或焚烧，一生消耗的能量约等于 30 千瓦时电，二氧化碳排放量为 7 千克。

还有国内的研究认为，按腈纶衣服的能耗标准为每吨 5 吨标准煤，则少买一件重 0.5 千克重的衣服至少能减少生产标煤量为 $0.0005 \times 5 \times 1000 = 2.5$ 千克，约折合为 1.5 千克碳，或是 5.7 千克二氧化碳。

因此，我们在购买服饰时，需要注意购买和生产两个过程都应该符合低碳标准，如果每人都一年少买一件衣服，优质的环境将离我们更近。

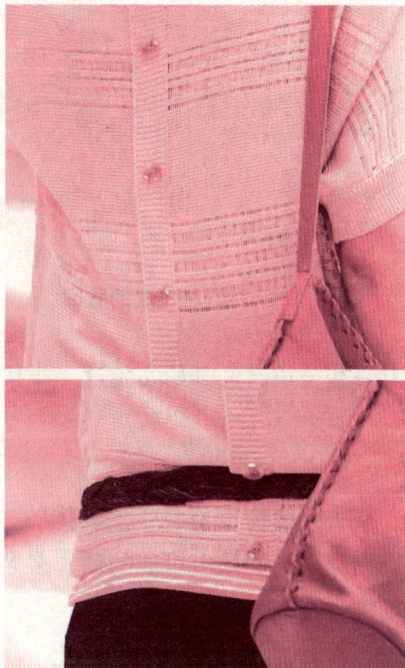

腈纶衣服

天然纤维服饰更加低碳环保

衣服是不能不穿的，除了尽量少买以外，在面料选择或者使用方法上稍加改变也是可以帮助减排的。

一般来说，化纤类服装生产过程是利用石油等原料人工合成，需要耗费大量的能源和水，废弃之后又因为其材料的不易降解性，加深对环境的危害，要处理掉这类服饰，需要更多的能，再一次加大了碳排放量。而棉、麻等天然纤维所制作的服饰，生产过程中减少了原料加工的大部分步骤，因此在一定程度上更有低碳优势。

竹纤维制成的服饰

除此之外，那些免熨类的服装，会减少电能的消耗，这样就能减少向大气排放二氧化碳的量，也就能达到低碳的目的，穿过的衣服最好能够循环利用，洗衣、烘干和熨烫的次数也最好减少，从机洗改为手洗、变烘干为自然晾干、减少衣物熨烫都是降低能耗的途径。

从这方面出发，如果企业能够允许员工穿着更加舒适的棉麻类服装，而避免刻意的西服衬衫，也是鼓励低碳生活的一个办法，而日本有一些公司已经开始实施这一举措了。

闲置废旧衣服再利用   低碳扮靓 DIY

丢弃废物也是会产生碳排的，衣物同样如此。因此，应多穿旧衣，加强旧物利用，如果有可能的话，多余的自己用不上的衣物转赠他人也是不错的低碳方法。

在废旧衣物处理的方式中，旧衣翻新不失为一种更好的方式，既可以避免衣物的丢弃和闲置又可以增加衣物的利用率，从而减少碳排放，小朋友因为长高变短的裤子索性改成短裤，在炎热的夏天"借来"一丝凉爽，也使得衣服有了"再生"的活力，将碳排放减到最低。

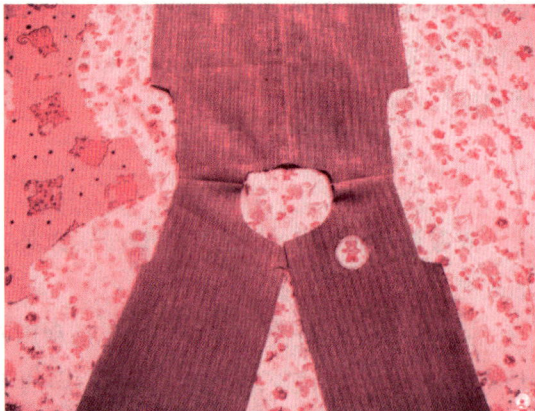

旧衣利用

另外，如今追求时尚个性的服饰，DIY 的服饰更能吸引一些时尚女孩的注意，一些巧手主妇已经开始将家中的旧衣物修修改改做他用，有些城市也出现了专门提供旧衣翻新的缝纫店，还有媒体包括电视网络也在介绍旧衣翻新的方法，不仅是提倡环保，也逐渐演绎成一种时尚趋势。

▶▶▶ 知识点

有机棉

有机棉这一名词是从英文直译过来的。在国外其他语言中也有叫生态棉或生物棉的。有机棉生产中，以有机肥生物防治病虫害自然耕作管理为主，不许使用化学制品，从种子到农产品全天然无污染生产。并以各国或 WTO/FAO 颁布的《农产品安全质量标准》为衡量尺度，棉花中农药重金属硝酸盐有害生物（包括微生物、寄生虫卵等）等有毒有害物质含量控制在标准规定限量范围内，并获得认证的商品棉花。有机棉的生产方面，不仅需要栽培棉花的光、热、水、土等必要条件，还对耕地土壤环境、灌溉水质、空气环境等的洁净程度有特定的要求。

🌱 延伸阅读

你的衣服有多脏

时尚，光鲜亮丽；污染，黑恶难忍，以污染为代价的时尚，将是怎样的畸形？然而这种畸形却似乎已经成了某种发展路径下必然的恶果之一。

绿色和平组织所调查的两个纺织专业镇都位于广东，一个是广州增城市的"牛仔之乡"新塘镇，一个是汕头市的"中国针织内衣名镇"谷饶。

这两个镇都得"改革开放"风气之先，从 1980 年左右就开始发展纺织产业。1979 年，一名香港老板被廉价生产成本吸引到新塘，牛仔制衣业在新塘落根。1982 年，谷饶的第一家文胸厂诞生，从此这个原本以务农为主的小镇逐渐转向轻工产业。如今，新塘已拥有牛仔服装生产及配套企业3800多家，日生产牛仔服装250多万件，产量占全国60%以上，出口量占全国40%以上。

绿色和平组织的报告指出，纺织业会带来严重水污染，每生产1吨纺织产品，就会污染200吨水，2008年中国纺织业废水量占总工业废水排放量的10.7%。纺织品的生产是复杂的过程，其中许多工序会用到大量化学物质，仅在染色和整理程序中，不同纺织品使用到的化学物质就共可多达2500种，其中的有毒有害物质往往最终被释放到河流或其他水体中，通常是普通的污水处理程序无法完全消除的。这些物质中除铅、铬、镉、汞等众所周知的重金属之外，还包括一些"不为人知的持久性有机污染物"。

绿色和平组织列出了一些有毒有害物质在纺织业中的使用、产生方式及其潜在健康影响：

汞：汞及其化合物通常被用作染料合成的定位剂，会导致认知障碍、发育迟缓、行为障碍。

铬：铬的化合物作为一种染料媒介被广泛使用在纺织印染工序中，会导致癌症、溃疡及其他胃病。

镉：镉的化合物是一些染料的成分，金属镉也出现在一些服装的金属配件中，会导致肺病、肾病、癌症。

二恶英：漂白工序的副产品，可以造成生殖发育障碍，损害免疫系统，干扰荷尔蒙以及致癌。

甲醛：印染和后整理工序释放的副产品，可致癌。

健康又环保的手工皂

一定有很多人想问手工香皂究竟和一般香皂有什么不同？香皂更是便宜的不得了，何必大费周章自已做？

理由一：手工皂含有四分之一以上甘油，肌肤洗净最温和、保湿

当油和碱皂化，自然就会产生甘油保存在香皂中，但别以为所有香皂都

含有甘油哦！许多市售香皂都采用高温制法，并且在皂化过程中加盐，使甘油、过多的碱液、水分与皂分离，这样的香皂虽可立即使用，但缺少手工皂精华——甘油。甘油是极佳的湿润剂皮肤软化剂，对于肌肤的保湿及滋润有很好的效果。

有很多人说用香皂洗脸，脸会很干涩，但含有营养素的手工皂可以弥补这个缺点，有的营养素有保护皮肤的功能，有的有软化与舒缓皮肤的功效，添加了这些营养素，就可制造出温和、滋润的手工皂。

手工皂

理由二：可以由自己选择天然素材

手工香皂好处则在于油的选择，您可选择品质较好的植物油，而不必像市售香皂一样有太多成品考量。如橄榄油主要的不碱化物，含有角鲨烯、生育酚、多酚、叶绿素等，尤其角鲨烯在人类皮脂中含 10% 左右，是重要的保湿成分。而含有 0.5% ~ 1% 的角鲨烯是橄榄油的一大特征。

您还可以更宠爱自己，在香皂中添加喜爱的精油、香草、萃取物等。且不必加界面活性剂、防腐剂、起泡剂、硬脂酸、荧光剂等，手工皂成了最自然、不伤肌肤的清洁用品。呵护宝贝肌肤，肌肤自然会善意回应。

理由三：手工香皂有利环保

手工香皂不仅对肌肤温和，且有利环保。因手工皂与化学清洁剂不一样，在与水接触后约 24 小时，会被细菌分解为水与二氧化碳。就算流入河川大洋也不会造成环境污染及对生物造成威胁。化学清洁剂流入河川，要经过一段很长很长的时间才会被自然溶解，恶性循环下，河川没法溶解这些界面活性剂，到最后戕害的是我们及后代子孙。请大家一起来保护孕育天地万物这个伟大的地球。

知识点

手工皂

手工皂，就是自己 DIY 动手做香皂。只需要油脂、NaOH、水三种材料。手工香皂既可用做洗面、卸妆，又可用作沐浴用。手工香皂的泡沫细腻丰富，能彻底清除毛孔深处的油污。使肌肤滋润光泽，富有弹性。

用来做手工香皂的原料是由甘油、植物油等原料制成的，对皮肤的养护作用尤为突出，再加上食用色素、天然植物精油、植物花瓣、水果切片之后，突然变得精致玲珑起来，化腐朽为神奇。

延伸阅读

常见食材入皂的方法

制作冷制皂的好处之一在于材料的多样和广泛性，生鲜食材的加入，让手工皂的变化更多样化，有些材料具有保湿效果，有些具有染色效果，最重要的是天然。

菠 菜

菠菜是做皂材料中，绿色系的代表作，含有丰富的叶绿素，有除臭效果，所含的胡萝卜素有助于修复伤口，和薄荷精油很搭配，因为它可以和叶绿素的味道融合在一起，还可以避免受光褪色。做法：将一把菠菜洗净，加入250cc的纯水，放入果汁机打成汁，用滤网过滤，取出可溶氢氧化钠适量替代水使用。在 tracec 后可加入柑橘类果汁50cc 和一些维生素 E 油（延长保存期限），再加精油（不要打太浓时加）。

鸡 蛋

鸡蛋可制作出绝佳保湿力的肥皂，成皂是漂亮的淡黄色，熟成期间虽会发出怪味，但熟成结束味道就会消失。一千克皂可加入 2 个蛋，只用蛋黄部分，薄膜需去除干净，先将蛋黄和超脂油加在一起（超脂一定要用液态油如小麦胚芽或薄荷，一条皂约 15g），也可加些维生素 E 油（10g），延长保存期限。油温勿太高，不要超过 40 度，以免蛋黄凝固。

蜂 蜜

蜂蜜具有保湿和抗菌的功能，添加比例一千克皂最多加入一大匙（15g），勿加太多，否则皂可能会变得太软，也可以加些脂类和蜡类来改善。

水 果

大部分水果皆可入皂，打成泥状或取果汁使用。例如：苹果皂可帮助皮肤平衡油脂，适合油性、痘痘肌肤使用，也可加入一些肉桂粉或肉桂精油。柠檬汁、柳橙汁、葡萄柚汁等可加入 5%～10% 及维他命 E，增加防腐效果。而柠檬皮也可削成细丝加入，更添加皂的水果特性。但是像草莓、红色火龙果入皂酸碱综合之后会变成褐色。

香 草

香草本身就具有芳香气息，用来入皂，有淡淡的香味，常用的方式有熬汁溶 NaOH 法、碎末入皂法，熬汁的方法一般可得淡褐色成皂，碎末加入皂有可看得见颗粒在成皂中的感觉，熟成期间颗粒还是绿色，但随着时间加长，碎末会逐渐变成褐色。

巧克力

可选用可可粉或是巧克力砖溶成液状，皂熟成后的颜色不会太深，也可配合巧克力香精使用。添加比例和一般矿石尼粉一样约 2%～5%（可依个人喜好调成适合的颜色）。

▋▋ 重视日常生活小细节

合理使用电风扇

虽然空调在我国家庭中逐渐普及，但电风扇的使用数量仍然巨大，电扇的耗电量与扇叶的转速成正比，同一台电风扇的最快挡与最慢挡的耗电量相差约 40%。在大部分的时间里，中、低挡风速足以满足纳凉的需要。

数量庞大的电梯

以一台 60 瓦的电风扇为例，如果使用中低挡转速，全年可节电约 2.4 千瓦时，相应减排二氧化碳 2.3 千克。如果对全国约 4.7 亿台电风扇都采取这一措施，那么每年可节电约 11.3 亿千瓦时，减排二氧化碳 108 万吨。

尽量少用电梯

目前全国电梯年耗电量约 300 亿千瓦时，通过较低楼层改走楼梯，多台电梯在休息时间只部分开启等行动，大约可减少 10% 的电梯用电。这样一来，每台电梯每年可节电 5000 千瓦时，相应减排二氧化碳 4.8 吨。全国 60 万台左右的电梯采取此类措施每年可节电 30 亿千瓦时，相当于减排二氧化碳 288 万吨。

饮水机不用时断电

据统计，饮水机每天真正使用的时间约 9 个小时，其他时间基本闲置，近三分之二的用电量因此被白白浪费掉，在饮水机闲置时关掉电源，每台每年节电约 366 千瓦时，相应减排二氧化碳 351 千克。如果对全国保有的约 4000 万台饮水机都采取这一措施，那么全国每年可节电约 146 亿千瓦时，减排二氧化碳 1404 万吨。

饮水机

及时拔下家用电器插头

电视机、洗衣机、微波炉、空调等家用电器，在待机状态下仍在耗电。如果全国 3.9 亿户家庭都在用电后拔下插头，每年可节电约 20.3 亿千瓦时，相应减排二氧化碳 197 万吨。

➡️ **知识点**

联合国粮食及农业组织

联合国粮食及农业组织是联合国系统内最早的常设专门机构。其宗旨是提高人民的营养水平和生活标准，改进农产品的生产和分配，改善农村和农民的经济状况，促进世界经济的发展并保证人类免于饥饿。是联合国专门机构之一，各成员国间讨论粮食和农业问题的国际组织。1943 年 5 月根据美国总统 F. D. 罗斯福的倡议，在美国召开有 44 个国家参加的粮农会议，决定成立粮农组织筹委会，拟订粮农组织章程。1945 年 10 月 16 日粮农组织在加拿大魁北克市正式成立，1946 年 12 月 14 日成为联合国专门机构。总部设在意大利罗马。截至 1991 年 7 月 1 日共有 157 个成员国。

延伸阅读

八种节能方法最有效

1. 采用保温材料。全世界 36% 的能源消耗在房屋的取暖和降温上。瑞士和德国建造的"零能源消耗住宅"样板房显示，采用新材料和新方法进行取暖和降温，节能潜力难以估量。

2. 更换灯泡。全世界 20% 的电力消耗在照明上，其中 40% 的电力是老式白炽灯泡消耗掉的。在发光量相同的情况下，节能荧光灯不仅比白炽灯省电 75%~80%，而且使用寿命也达到后者的 10 倍。

3. 改进家用热交换器。热水器、取暖器和空调等能效其实很差，这些热交换器消耗的能源中只有一部分真正用来调节温度。热泵将改变这一状况。热泵可利用室外空气中的热量或地热来为建筑物供暖或降温，几乎不消耗传统能源。

4. 改造工厂能耗设备。全世界的能源有约三分之一被工业部门所消耗，工业部门的节能潜力很大。例如，上个世纪80年代以来，日本三菱重工业公司利用炼钢炉余热发电，节约能源超过70%。

5. 驾驶环保节能汽车。全世界四分之一的能源用于交通运输，包括每年生产的2/3石油在内。交通运输领域的一些节能措施根本就不用花钱，比如说，保持轮胎适当充气就能提高能效6%。此外，油电混合动力车等环保汽车在汽油消耗量相同的情况下，行驶里程可比传统汽车多出20%。

6. 提高冰箱节能效果。居民用电一半以上用于家用电器，全世界1/5的二氧化碳排放量是居民用电造成的。20世纪80年代以来，制造厂商已经把冰箱等白色家电的能效提高约70%，但在这方面仍有改进余地。

7. 设法解决节能投资费用。能源服务公司可以支付节能所需的设备改造费用，然后从客户节约的费用中扣抵。比如说，美国加利福尼亚州一些能源公司通过为节能的消费者提供额外折扣，成功降低了高峰用电需求，有望省下大笔扩建电厂成本。

8. 电视机不要开得很亮，音量也不宜过大，因为每增加1瓦音频功率，就要增加3~4瓦电功耗。

家用电器节能妙法

电熨斗

1. 用前先通电3分钟，使电熨斗温度恰到好处。

2. 使用蒸汽电熨斗时加热水，可以省电又省时。

3. 先熨需要温度较低的尼龙、涤纶类织物，后熨需要温度较高的棉、麻、毛类织物。

4. 每次熨衣服时，以去除织物皱痕为准，不宜熨过长时间。绢物或化学纤维类衣服，一经受热，皱痕即消失，故最佳方法是拔出插头，切断电源利用余热熨烫。

5. 选购电熨斗时应选能够调温的。功率大的比小的好，建议选购500瓦或 700 瓦调温电熨斗，这种电熨斗升温快，达到使用要求后能自动断电，不仅能节约用电，而且能保证熨烫质量，节约时间。

照明灯

1. 日光灯比白炽灯节电。20 瓦日光灯的亮度甚至胜过 40 瓦白炽灯。（目前出来的更好的环保节能产品 LED 日光灯 2 瓦就可以替换 40 瓦的白炽灯。4 瓦就完全可以替换 20 瓦的普通日光灯及 20 瓦的普通节能灯）

电熨斗

2. 安装高度要合适。如 20 瓦的日光灯，若装 1 米高，照度是 60 勒克斯；0.8 米高是 93.75 勒克斯。高度适当放低就可减少瓦数，节约用电（目前 LED 有部分商家可以做到）。若安装 2 米高，照度是 200 勒克斯左右；3 米高大概有 96200 勒克斯左右；所以说用 LED 照明灯产品来节能照明是非常有用的。

3. 充分利用反射与反光。如给灯配上合适的反射罩可提高照度。利用室内墙壁的反光加白色墙也可提高照度 20% 左右。

4. 楼梯、过道、厕所等处可装上自动控制开关，可以随时关灯，并应该尽量选择小容量的灯泡。

视听类家电

1. 录音机中的电源变压器，一般装在开关前面，每次使用完毕都应把电源插头及时拔出；否则，即使录音机上开关已断开，但电源变压器仍然接通，线路上的空载电流不但白白浪费电能，有时还会惹出灾祸。

2. 在电视机使用时不要把亮度开得太大，这样不仅能节能，还能延长使用寿命。

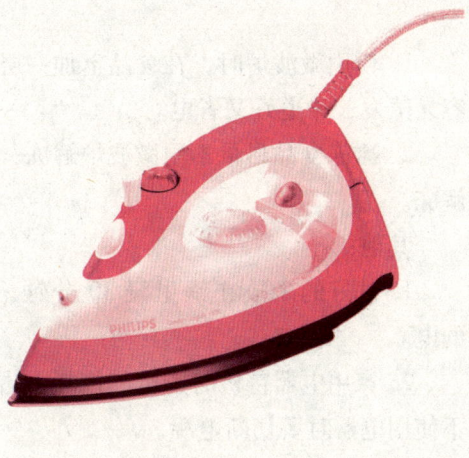

微波炉

1. 使用微波炉时，在食品上加一层塑料薄膜，这样被加工食品的水分不容易蒸发，味道好又省电。

2. 冰冻食品尽量不用微波炉解冻，可以将其预先放入冰箱冷藏室内慢慢解冻。

其他：

1. 洗好的米放在锅里浸 30 分钟，再用温水或者热水煮，能节省 30% 的电。

2. 家用电器待机时产生的能耗，占了家庭用电总量的 10% 左右，所以，不使用电器时要切断电源。

热水器

1. 选择保温效果好，带防结垢装置的电热水器。执行分时电价的地区，在低谷时开启，蓄热保温，高峰时段关闭，可减少电费支出。淋浴器温度设定一般在 50℃ ~60℃，不需要用水时应及时关机，避免反复烧水。

2. 家中每天都需要使用热水，并且热水器保温效果比较好，那么应该让热水器始终通电，并设置在保温状态。

知识点

白炽灯

白炽灯是将灯丝通电加热到白炽状态，利用热辐射发出可见光的电光源。自 1879 年，美国的 T. A. 爱迪生制成了碳化纤维（即碳丝）白炽灯以来，经人们对灯丝材料、灯丝结构、充填气体的不断改进，白炽灯的发光效率也相应提高。1959 年，美国在白炽灯的基础上发展了体积和衰光极小的卤钨灯。白炽灯的发展趋势主要是研制节能型灯泡。不同用途和要求的白炽灯，其结构和部件不尽相同。白炽灯的光效虽低，但光色和集光性能好，是产量最大、应用最广泛的电光源。

延伸阅读

低碳能源五看点

除了我们熟知的太阳能和风能外，低碳能源还有很多种，近期表现出广阔开发前景和利用价值的至少有以下五种。

1. 生物质能

生物质能是以生物质为载体的能量，主要蕴藏在各种光合作用合成的有机物中，通常包括木材、森林废弃物、农业废弃物、城市和工业有机废弃物等。其利用主要有直接燃烧、热化学转换和生物化学转换3种途径。

秸秆是生物质能的一个重要组成部分，2吨秸秆充分利用后相当于1吨标准煤，每吨约可减排2.4吨二氧化碳；沼气是我国生物质能利用的重要方式，每亿立方米沼气相当于替代约15.16万吨标准煤，减少排放二氧化碳约36万吨。

2. 核能

核能是通过转化其质量从原子核释放的能量，现在核能主要被用来发电，即利用铀燃料进行核分裂连锁反应所产生的热，将水加热至高温高压，利用产生的水蒸气推动蒸汽轮机并带动发电机。

核反应所放出的热量较燃烧化石燃料所释放出的能量要高很多。采用核燃料发电，每吨相当于替代5.15万吨燃煤，而发电每亿千瓦时，可减排二氧化碳11.7万吨、二氧化硫0.64万吨。

3. 煤层气

煤层气俗称瓦斯，其主要成分是CH_4（甲烷），是与煤炭伴生、以吸附状态储存于煤层内的非常规天然气。我国煤层气资源量达36.8万亿立方米，居世界第三位。目前，可采资源量约10万亿立方米，累计探明煤层气地质储量1023亿立方米，可采储量约470亿立方米。

煤层气热值与天然气相当，是通用煤的2～5倍。1立方米的煤层气热值相当于1.13千克汽油、1.21千克标准煤，可以发出3.2～3.3千瓦时电，还可减排约16.07千克二氧化碳。

4. 热电联产

所谓热电联产就是发电厂既生产电能，又利用汽轮发电机做过功的蒸汽对用户供热的生产方式，是指同时生产电、热能的工艺过程，较分别生产电、热能方式节约燃料。热电联产要求将热电站同有关工厂和城镇住宅集中布局在一定地段内，以取得最大的能源利用经济效益。造纸、钢铁和化学（包括石油化学）工业是热电联产的主要用户，不仅是消耗电热的大用户，而且其生产过程中所排出的废料和废气（如高炉气）可作为热电联产装置的燃料。城市工业区及人口居住密集区也是发展热电联产的主要对象。

5. 超超临界燃煤发电

火电厂超超临界机组和超临界机组是根据锅炉内工质的压力分类的。锅炉内的工质都是水，水的临界压力是 22.115MPa，临界温度是 347.15℃；在这个压力和温度时，水和蒸汽的密度是相同的，就叫水的临界点，炉内工质压力大于这个压力的就是超临界锅炉，炉内蒸汽温度不低于 593℃或蒸汽压力不低于 31MPa 被称为超超临界。这种状态下，水由液态直接成为气态，热效率高。超超临界机组供电效率可达 44%～45%，供电煤耗为每千瓦时 283.2 克。

绿色交通出行

绿色交通（Green Transport），广义上是指采用低污染，适合都市环境的运输工具，来完成社会经济活动的一种交通概念。狭义指为节省建设维护费用而建立起来的低污染，有利于城市环境多元化的协和交通运输系统。

从交通方式来看，绿色交通体系包括步行交通、自行车交通、常规公共交通和轨道交通。从交通工具上看，绿色交通工具包括各种低污染车辆，如双能源汽车、天然气汽车、电动汽车、氢气动力车、太阳能汽车等。绿色交通还包括各种电气化交通工具，如无轨电车、有轨电车、轻轨、地铁等。

绿色交通的主要出行方式：

步行交通

人们的日常生活离不开步行，步行交通是出行方式中非常重要的部分，平均30%的日常出行为步行。但是，步行却往往是最后被考虑的出行方式。道路空间总是被优先分配给小汽车。许多城市的小汽车允许停靠在人行道上，导致行人需要在非机动车道甚至是机动车道上行走。许多街道甚至没有人行道，道路空间不可行走或被其他活动占据。很多时候，政府首先占用这些人行道空间。行人面临着步行空间缺乏、过街障碍物较多的困难。

高品质的人行道应该连续无障碍，没有被用作停车；具有足够的宽度、良好的照明系统和安全的环境。同时，交叉口行人过街的距离和时间要短，以减少行人过街的危险。在纽约，改进后的交叉口行人过街设计能够减少36%的事故。

自行车交通

自行车交通在许多国家正处在比行人交通更为严峻的处境。20世纪后半期，许多城市的自行车交通被禁止，以期为小汽车提供更多的空间。进入21世纪后，许多国家，尤其是欧洲国家，投入了大量的资金试图引导居民重新使用自行车出行。

公共交通

公共交通是大多数发达国家和发展中国家的另一个大问题。发达国家遇到的挑战是怎样使小汽车使用者重新使用公共交通工具；发展中国家则是需要改善公共交通的服务水平，使公众不会因为公共交通服务水平低下而选择私人小汽车。

一直以来，公共交通被认为是供穷人使用的交通方式而没有得到有关部门的重视，甚至认为这样糟糕的服务是应该被接受的。城市政府官员热衷于地铁和轻轨，因为它们是发达城市的象征，还有其他方面的原因如大型建筑公司的压力，有时甚至是腐败问题。已有很多基于错误的可行性研究的地铁和轻轨项目由于没有足够的客流而无法支撑运营。轨道交通系统造价高昂，并且在其拥有足够的客流支撑运营以前，大多数城市会面临很

公交出行

大的问题。墨西哥的地铁由于收入过低，所需的补贴占到了城市财政预算的14%。

公共交通系统可实施的主要改善措施包括：提高现有交通系统服务品质；提高公共交通运营管理水平；进行详细的可行性分析决定如何有效利用资源；投资建设大容量公共交通系统，如快速公交、轻轨和地铁。

快速公交系统

快速公交系统是高品质公共交通系统的一种新选择。更重要的是，快速公交系统的实施是对绿色可持续交通系统的支持。巴西库里蒂巴是世界上第一个成功实施快速公交系统的城市，之后才有了一些新的快速公交系统得以实施：厄瓜多尔的基多、哥伦比亚的波哥大和佩雷拉、巴西的圣保罗、印度尼西亚的雅加达、墨西哥的墨西哥城、中国的北京等。

一个成功的快速公交系统包括：专用的道路空间，封闭宽敞的车站，与通行能力匹配的站台，良好的站台可达性，水平上下车（无台阶），大容量、高品质的车辆，无缝停靠（≤10 cm），车辆和站台有足够的上下客空间，网络整合，灵活运营。

快速公交

知识点

无轨电车

　　无轨电车（Trolleybus）是一种使用电力发动，在道路上不依赖固定轨道行驶的公共交通，亦即是"有线电动客车"。无轨电车的车身属于客车，只不过以电力推动，而使用的电力是通过架空电缆，经车顶上的集电杆取得。无轨电车因为使用的橡胶轮胎是绝缘体，不像有轨电车可使用路轨完成电路；故此需要使用一对架空电缆及集电杆。无轨电车是公共交通工具（公交车）的一种。在有些地方属于普通公共交通范畴，而有些地方则属于轨道交通的范畴。

延伸阅读

风能引领新能源未来

　　按照中国目前对能源的消耗速度，传统的煤炭资源在30年之后将面临枯竭。寻找替代能源及利用可再生能源成为中国经济发展的决定力量。从2003年开始，政府大力推进风能、太阳能、小水电、生物质能的发展，以期改变对传统能源的依赖。经过7年的高速发展，各种新能源的发展呈现出不同态势。

　　新能源的发展前景将有什么不同，谁能成为今后10年能源产业发展的主力军？

风能：领军新能源

　　中国风力资源极为丰富，风能发电很可能作为可再生能源的主力军在今后能源产业中起到领军作用。中国气象科学院研究员朱瑞兆提供的数据显示，中国风能资源仅次于美国和俄罗斯，居世界第三。已探明的中国风能理论储量为32.26亿千瓦，可利用开发为2.53亿千瓦。风能如果能够全部利用起来，将满足当前能源需求的近四分之一。

陆上风电市场化竞争效果显著，规模经济引领风能成本大大下降。中国风能市场从2003年开始推进市场化运营，经过7年的高速发展，陆上风能已经全面开发。风能资源最丰富的内蒙古、新疆及东北地区的一级城市风力发电的招投标及建设工作已经完成。目前风能开发工作已经开始向风力资源较为丰富的二三级城市发展。

海上风能尚处于起步阶段，有着巨大的发展空间，将成为未来5年的投资热点。中国拥有十分丰富的近海风资源，我国近海10米水深的风能资源约1亿千瓦，近海20米水深的风能资源约3亿千瓦，近海30米水深的风能资源约4.9亿千瓦。另一方面，东部沿海地区经济发达，能源紧缺，开发丰富的海上风能资源将有效改善能源供应情况。

风能电力的并网问题将成为今后几年风力发电的瓶颈。风能由于风速、风量的不可控因素导致其电力为低质量电力。风能资源丰富的地区多处于中国西北等偏远地区，当地对于电力的需求较小，已有的电网建设较为薄弱。不稳定的风力发电的电能上网时对电网的冲击很可能导致整体电网的瘫痪。智能电网的发展可能解决风力发电上网的难题，但智能电网的建设在中国尚处于起步阶段。

已投入运营的风机质量问题将在今后五年凸显出来，对未来风力发电的发展带来困扰。风力发电在最近几年发展过快，国外成熟市场中一台风机从研发、实验到实际进入市场开始发电需要5—10年的时间。而中国市场最近五年风力发电市场的急速发展导致众多风机从研发到实际运行的时间大大缩短为1—3年。风机在运行中的不稳定和研发时期的准备不足导致的一系列问题将在今后几年中暴露出来，成为风力发展的主要障碍。

生态旅游有益环境

生态旅游（ecotourism）是由国际自然保护联盟（IUCN）特别顾问谢贝洛斯·拉斯喀瑞（Ceballas – Lascurain）于1983年首次提出的。当时就生态旅游给出了两个要点，其一是生态旅游的物件是自然景物，其二是生态旅游的物件不应受到损害。在全球人类面临生存的环境危机的背景下，随着人们环境意识的觉醒，绿色运动及绿色消费席卷全球，生态旅游作为绿色旅游消费，一经提出便在全球引起巨大反响，生态旅游的概念迅速普及到全球，其内涵也得到了不断的充实，针对目前生存环境的不断恶化的状况，旅游业从生态旅游要点之一出发，将生态旅游定义为"回归大自然旅游"和"绿色旅游"；针对现在旅游业发展中出现的种种环境问题，旅游业从生态旅游要点之二出发，将生态旅游定义为"保护旅游"和"可持续发展旅游"。同时，世界各国根据各自的国情，开展生态旅游，形成各具特色的生态旅游。

传统旅游所表现出的问题促使人们对其进行进一步的思考，是坚持还是摒弃？生态旅游一经提出，立即得到了世界范围内的响应。十几年来，生态旅游的发展无疑是成功的，平均年增长率为20%，是旅游产品中增长最快的部分。但到目前为止，生态旅游尚无明确定义，但是人们的看法是相当一致的。一是生态旅游首先要保护旅游资源，生态旅游是一种可持续发展的旅游。二是在生态旅游过程中身心得以解脱，并促进生态意识的提高。

与传统旅游相比，生态旅游的特征有：

1. 生态旅游的目的地是一些保护完整的自然和文化生态系统，参与者能够获得与众不同的经历，这种经历具有原始性、独特性的特点。

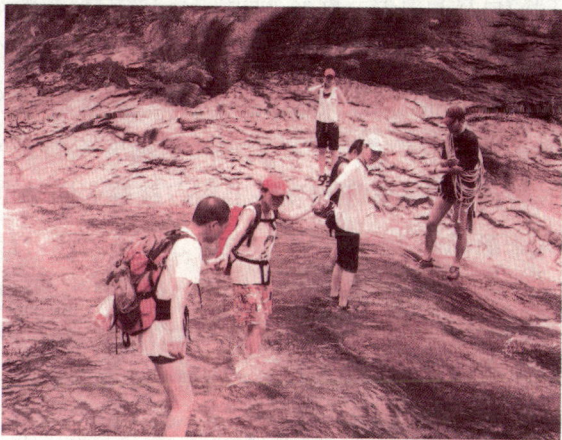

2. 生态旅游强调旅游规模的小型化，限定在承受能力范围之内，这样有利于提高游人的观光质量，又不会对旅游造成大的破坏。

生态旅游

3. 生态旅游可以让旅游者亲自参与其中，在实际体验中领会生态旅游的奥秘，从而更加热爱自然，这也有利于自然与文化资源的保护。

4. 生态旅游是一种负责任的旅游，这些责任包括对旅游资源的保护责任，对旅游的可持续发展的责任等。由于生态旅游自身的这些特征能满足旅游需求和旅游供给的需要，从而使生态旅游兴起成为可能。

在生态旅游发展的过程中，各个国家和地区都采取了一系列行之有效的措施，主要做法有：

1. 立法保护生态环境。例如 1916 年，美国通过了关于成立国家公园管理局的法案，把国家公园的管理纳入了法制化的轨道。在英国，1993 年就通过了新的《国家公园保护法》，旨在加强对自然景观、生态环境的保护。自 1992 年里约会议以后，日本就制定了《环境基本法》。1923 年芬兰颁布了《自然保护法》。

2. 制订发展计划和战略。美国在 1994 年就制定了生态旅游发展规划，以适应游客对生态旅游日益增长的需求。澳大利亚斥资 1000 万澳元，实施国家生态发展战略。墨西哥政府制订了"旅游面向 21 世纪规划"，生态旅游是该规划的重点推介项目。肯尼亚政府就制定了许多重要的国家发展策略，其中特别将生态旅游作为重点项目。

3. 进行旅游环保宣传。在发展生态旅游的过程中，很多国家都提出了不同的口号和倡议，例如英国发起了"绿色旅游业"运动，日本旅游业协会召开多次旨在保护生态的研讨会，并发表了"游客保护地球宣言"。

4. 重视当地人利益。生态旅游发展较早的国家肯尼亚，在生态旅游发展的过程中就提出了"野生动物发展与利益分享计划"。菲律宾通过改变传统的捕鱼方式不仅发展了生态旅游业同时也为当地人提供了替代型的收入来源。

5. 多种技术手段加强管理。在进行生态旅游开发的许多国家都通过对进入生态旅游区的游客量进行严格的控制，并不断监测人类行为对自然生态的影响，利用专业技术对废弃物做最小化处理，对水资源节约利用等手段以达到加强生态旅游区管理的目的。澳大利亚联合旅游部、澳大利亚旅游协会等机构还出台了一系列有关生态旅游的指导手册。此外，很多国家都实行经营管理的分离制度，实施许可证制度加强管理。

➡➡➡ **知识点**

国际自然保护联盟

国际自然保护联盟，常简称为 IUCN，是 International Union for Conservation of Nature 的缩写，是一个国际组织，专职是世界的自然环境保护。

该联盟于 1948 年在瑞士格兰德（Gland）成立，由全球 83 个成员国、81 个国际组织、108 个政府组织、766 个非政府组织、10000 个专家及科学家组成。于 2008 年 3 月开始放弃使用（World Conservation Union）名称。

IUCN 旨在影响、鼓励及协助全球各地的社会，保护自然的完整性与多样性，并确保在使用自然资源上的公平性及生态上的可持续发展。

🌱 **延伸阅读**

国内著名的低碳旅游景点有哪些？

燕子沟

推荐理由：《2012》拯救全人类的诺亚方舟拍摄地，有良好的低碳形象。景区高调倡导低碳旅游。

在以往的川西旅游地中，很少有人提到燕子沟，近一年多才热起来。自《2012》放映后，燕子沟就更具吸引力了。冰川、雪峰、彩林、温泉这些川西该有的景色它都有，但最吸引人的，是长达 30 多千米的红石滩，红石的"身世"至今还是个谜。景区已尽量减少了观光车的使用，连扩建的步游道也是在以前山民采药时留下的道路上铺设的。景区内还停售一次性雨衣，提供免费雨具。

峨眉山

推荐理由：老牌"低碳景区"，旅游低碳的先行者。

早在 12 年前，景区就实行了统一乘坐旅游交通大巴的方式。景区还在酒店和农民旅店、饭店大力推行节能措施。通过数字化峨眉山建设，对景区的空气和水源质量、植被实行监控，实现景区与交通运输、宾馆酒店、餐饮娱乐、旅行社的共同协调发展。多年来，峨眉山的森林覆盖率一直维持在95%以上。3—6月是峨眉山观赏杜鹃花的最佳时节，从报国寺到万佛顶，各类杜鹃次第开放。春到峨眉还可体验采春茶、挖竹笋等乐趣。

张家界

推荐理由：以混合动力巴士和电瓶车用于景区交通，野生动植物与游客和谐相处。

热门影片《阿凡达》中原生态的哈利路亚山想必给你留下了深刻印象吧，它的拍摄原型就是张家界的袁家界景区内的乾坤柱，目前它已成为了张家界中人气最旺的景点。张家界由于核心景区禁止机动车进入，改以混合动力巴士和电瓶车代替，景区的空气十分清新，金鞭溪峡谷中野生猕猴出没，与游客和平相处，怡然自得。

香格里拉

推荐理由：低碳的生态环境是香格里拉的生命线，它的持久美丽离不开低碳。

香格里拉地处青藏高原东南边缘、"三江并流"之腹地，有融雪山、峡谷、草原、高山湖泊、原始森林为一体的景观，"日照金山"的梅里雪山更是中国低碳旅游的象征，具有巨大的观赏价值和科学考察、探险价值。香格里拉腹地有梅里雪山、白茫雪山等北半球纬度最低的雪山群。澜沧江大峡谷、虎跳峡和碧壤峡水大峡谷以深、险、奇、峻闻名于世。而神女千湖山、碧塔海等高山湖泊是亚洲大陆最纯净的淡水湖泊群。

大兴安岭

推荐理由：中国最大的氧吧，《国家地理》评选出的中国三大低碳旅游景区。

大兴安岭有中国面积最大的林区，低碳效果超强。总面积8.46万平方千米，相当于1个奥地利或137个新加坡。林木蓄积量5.01亿立方米，占全国总蓄积量的7.8%。大兴安岭山脉繁衍生息着400多种野生动物和1000余种野生植物。春夏季，这里山高谷阔，林木葱郁，非常适合踏青、探险旅游、避暑等各种旅游活动。

低碳经济是人类的未来，低碳旅游是旅游的未来。我们提倡低碳经济下的低碳旅游，不仅仅是一种理念，更需要大家身体力行。你的旅游低碳了吗？如果你还无所了解，敬请关注旅程天下向你力荐的更多关于低碳时尚旅游的资讯。

节能又环保的绿色汽车

绿色汽车作为一种绿色产品而言，它不仅仅是从能源角度使用了电力或代用燃料的汽车就称为绿色汽车，更应从技术理论体系来开发和研究绿色汽车。它是强调完全合乎环境保护要求的一种新型交通工具，也体现出了环境保护观念对汽车工业产生的影响和变革。毋庸置疑，它是汽车技术不断发展的必然产物。因此开发和研究新型的绿色汽车是环境保护的迫切要求，是人类的期望，更是汽车工业可持续发展的需要。

标志之一：可以回收利用。目前，环保脚步走得最快的德国已经规定，汽车厂商必须建立废旧汽车回收中心。

标志之二：动力源的改进。电动汽车是目前"绿色汽车"开发的"重头戏"。美国把开发电动汽车作为振兴美国汽车工业的着力点。

标志之三：对环境污染小。众所周知，汽车排出的尾气是城市污染的祸根之一。因此，消除汽车尾气的污染十分重要。壳牌石油公司开发出一种新型汽油，其中含有一种称为含氧的化学物质，使汽油能够充分燃烧，大大减少了有害气体的排放。

绿色汽车类型

绿色汽车，顾名思义就是对环境和资源造成破坏较小的汽车。目前出现的绿色汽车大致可分为以下几种：

1. 电动汽车。低耗、低污染、高效率的优势使其在人们面前展现了良好的发展前景。

2. 天然气汽车。排污大大低于以汽油为燃料的汽车，成本也比较低，作

电动汽车

为产天然气大国的中国来说，这是一种理想的清洁能源汽车。

3. 氢能源汽车。采用氢能源作为燃料。氢燃料电池的原理是利用电分解水时的逆反应，使氢气与空气中的氧气产生化学反应，产生水和电，从而实现高效率的低温发电，且余热的回收与再利用也简单易行。

4. 甲醇汽车。目前正进行关键技术的研究，在保证其可靠性的前提下，在煤少油少的地区值得推广。

5. 太阳能汽车。节约能源，无污染，是最为典型的绿色汽车。目前中国太阳能汽车的储备电能、电压等数据和设计水平，已接近或超过了发达国家水平，是一种有望普及推广的新型交通工具。

绿色汽车与环保

甲醇汽车

汽车工业发展经历了一个多世纪，它对一个国家经济的腾飞和对人类社会的文明带来了巨大影响，功不可没。汽车工业成为大多数经济发达国家的支柱产业，现代人的生活水平以及汽车性能的不断提高，对汽车需求越来越多，世界汽车工业也将保持庞大的市场需求和生产规模。世界汽车保有量从6亿多辆增加到2010年的10亿多辆，显然汽车工业与工业化社会的环境保护有着非常密切的关系。目前，汽车的动力装置主要是传统的内燃机，即汽油机和柴油机，其能源为汽油或柴油，并加入一些添加剂。我国汽车消耗的燃油占全国汽油消耗的90%以上，柴油为25%以上。因此，大气污染问题几乎都与汽车的尾气排放有着密切的联系。据有关资料统计，以1994年我国930万辆汽车来计算，每天向大气排放CO_2（二氧化碳）达2200吨、HC（碳氢化合物）达300吨、NO_x（氮氧化合物）达1101吨。与其他污染源相比，汽车尾气排放中的污染物CO、HC、NO_x、SO_2和含有炭粒、硫化物等微粒（PM）对人们身体健康影响较大，威胁着人类的生命。由于汽车保有量大，使用汽车空调系统也比较广泛，且流动性大。根据20世纪80年代以来的统计，全球每年大约有12万吨CFC（氯氟烃）用于新车和维修车的空调系统，由此CFC对环境的污染和危害引起全世界的极大关注。

太阳能汽车

随着汽车工业的发展，新车开发周期的缩短，进入市场的速度加快，汽车保有量急速增加，也导致汽车报废数量逐年增多：根据意大利汽车之城都灵的菲亚特轿车公司的估计，如按意大利汽车平均使用寿命12年计算，全国每年报废的汽车达140万辆，若排列起来，可长达5000km，相当于意大利公路网总长的$\frac{3}{4}$。对大量的报废车若不及时进行分类处置和回收再利用，报废车将占用很大的堆积场地：在日晒和风吹雨打的自然条件下，报废车很快会失去循环再利用的价值，不仅浪费资源，而且对环境污染严重。此外，与汽车有关的环境污染还有：噪声污染、废蓄电池污染、加油站的空气污染、清洗汽车废水对环境的污染等。因此，开发新的绿色汽车是当今世界汽车发展史上的一场变革。

绿色汽车发展概况

世界各国特别是西方的发达国家对开发绿色汽车技术非常重视，他们开发和推广的以电动汽车、多种代用燃料汽车为主要内容的绿色汽车工程正在世界广泛应用。世界各大汽车公司，如通用、福特、克莱斯勒、奔驰、雪铁龙、宝马、丰田、本田等，都在争相研制各种新型无污染的环保汽车，力图使自己生产的汽车达到或接近"零污染"标准。来自雅典、巴塞罗那、佛罗伦萨、里斯本、斯德哥尔摩和牛津等6城市的市长提出的"绿色汽车区"的构想，就是提出要开发研究绿色汽车。他们曾在英国举行的欧盟交通及环境会议上宣布，从2001年开始，其所在城市市中心将只对低废气排放的汽车敞开绿灯，污染严重的汽车将禁止通行。世界各国对"绿色汽车"的研究主要是对蓄电池电动汽车、燃料电池汽车、太阳能电动汽车的研究，代用燃料汽车开发的基本设想是使用汽油和柴油以外的燃料，如天然气、醇类、氢等，所以汽车的安全、舒适、环保、节能是近半个世纪以来汽车工业发展所面临的重要课题，这也是21世纪汽车工业发展的基点和追求的目标。

我国为推动和发展绿色汽车技术，于1996年在北京举办了一次国际电动汽车及代用燃料汽车技术交流会，这对我国开展电动汽车和代用燃料汽车的发展起到了积极推动作用。许多科研机构、高校院所和企业积极合作研究开发电动汽车和代用燃料汽车，国家也非常重视，在制订"九五"计划时，把电动汽车列人科技攻关项目，在"十一五计划"国家863计划中，把电动汽车列入重大专项。以官、产、学、研四位一体联合攻关，以电动汽车产业化技术平台为重点，力争在电动汽车技术方面有重大突破。只不过国内外绿色汽车技术开发研究工作主要体现在能源和代用燃料方面，以达到汽车在使用过程中减少对环境的污染，而全面系统地研究开发绿色汽车的基础理论和新技术工作不多。要使汽车真正成为绿色汽车，必须对汽车全面而系统地进行绿色化技术的开发和研究，并实现产业化，才是汽车工业可持续发展的战略。

绿色汽车的设计

要使汽车成为一种真正的绿色汽车，应该了解绿色汽车的内涵，所谓绿色技术，它包括以下三方面的含义：

1. 绿色技术是一种现代技术体系。

2. 绿色技术是一种无公害化或少公害化技术，即无害于人类赖以生存的自然环境的技术，它主要体现在技术功能与环境功能的一致性上；因此，防止与治理环境污染，有利于自然资源生态平衡的技术均是绿色技术，这是判定绿色技术的生态标准或环境标准。

3. 用绿色技术生产出的产品应该有利于人类的建设和福利，有利于人类的文明进步，这是判定绿色技术的社会标准。所以，绿色技术创新体系中的最高级别是绿色产品，也就是说，绿色产品是绿色技术创新结果的最终载体，而绿色产品的获得必须以绿色设计和绿色制造为基础，这也是绿色技术的核心内容。所以，严格说来，应用绿色技术开发出来的汽车才算是名副其实的绿色汽车。

汽车的绿色设计与传统设计方法不同，它包括概念设计、生产工艺设计、使用乃至废弃后的回收再利用及处理等内容，即进行汽车的全寿命周期设计。要从根本上防止污染，节约资源和能源，首先决定于设计，要在设计过程中考虑到产品及工艺对环境产生的负作用，并将其控制在最小范围之内以致最终消除，这就是绿色汽车设计的基本思想。

绿色汽车的制造

汽车的绿色制造主要是强调采用能减轻对环境产生有害影响的制造过程，包括减少有害废弃物和排放物，降低能源消耗，提高材料利用率，增加操作安全性等。简单地讲，汽车的绿色制造在不牺牲质量、成本、可靠性、功能或能量利用率的前提下，努力减少汽车制造过程对生态环境造成的影响。要实现汽车绿色制造目标，必须使用绿色能源，采用绿色制造过程，最终生产出期望的绿色汽车。同时，在绿色制造的过程中，也必须考虑能源利用率、绿色材料、绿色制造工艺、绿色制造设备与工艺装备、生产成本、环境影响等因素。

对于汽车绿色设计和绿色制造的研究，主要包括以下几方面的工作：

1. 绿色汽车的描述与建模。
2. 确定绿色汽车的评价指标体系与评价方法。
3. 绿色汽车设计方法学的基础研究。
4. 绿色汽车设计的材料选择系统研究及绿色汽车的结构设计。
5. 绿色汽车制造系统模型及绿色制造工艺技术研究。

绿色汽车的能源

汽车使用什么能源，这是绿色汽车技术开发研究中的一个关键问题，也是由于汽车发动机所使用的汽油或柴油燃料所排放出来的废气对空气污染严重。为了保护环境，各国都制定了汽车排放标准法规，美国、日本和欧洲经济委员会的汽车排放法规是目前世界主要的三大汽车排放法规。为符合汽车排放标准，目前主要从以下几方面开展研究工作：

1. 汽车发动机技术改造。研究汽车发动机存在的技术问题，对发动机的结构进行改进。如采用多气门技术，去掉发动机燃油供给系统的化油器，采用电喷系统等，使用新技术从发动机本身来改善燃烧状态，提高燃烧质量，降低汽车排放的污染，以及对汽车尾气排放的治理等。

2. 发展代用燃料。把选择和发展汽车发动机代用燃料作为研究的方向，以求解决和满足越来越高的环保要求。目前运用代用燃料包括压缩天然气（CNG）、液化天然气（LNG）、醇类燃料、氢气等。

3. 开发研究新能源。新能源的开发和应用，主要由于两个方面的原因：一是世界石油能源面临危机。据国内外有关专家估计，地球上的石油资源将于本世纪中叶消耗殆尽。二是为了满足环境保护的需要。这就要求汽车工业提高能源使用效率，减少污染物的排放量。解决这一问题的有效途径是开发研究电动汽车和太阳能汽车等。利用电能和太阳能作为汽车新能源，这两种新能源是当今国内外开发研究的重点。

4. 绿色汽车的再制造。汽车的回收再制造工程是以汽车全寿命周期设计和管理为主线，从环保角度出发，以节能、节材、优质、高效为目的，采用先进的技术和生产方式，对报废汽车采取一系列的技术措施，对汽车进行修复和改造，达到再利用的目的。据统计，采用回收再利用汽车发动机的先进制造手段，制造零件的材料和加工费仅占 6% ~ 10%，而重新制造则要占70% ~75%，这不但节约了资源和人力，而且有较好的经济效益和社会效益。国外在 20 世纪末对汽车回收再制造工程非常重视，做了大量工作，且不只是汽车行业，而在其他行业也大力提倡开展回收再制造工作。我国对于回收再利用也开展了一些工作，但在汽车工业深层次的、有规划的开展汽车回收再制造工程，尚属起步阶段。政府有关部门也已经重视这个问题，一些科研院所也注重了对工程回收再利用技术的研究和开发，就回收再制造工程本身而言，无疑是一个有广阔发展前景的新兴研究领域和新兴产业。

绿色汽车的评价

绿色汽车作为一种典型的绿色产品，必将成为今后汽车产品的主导方向。怎样衡量一个产品的绿色程度，如何正确评价绿色汽车并给出恰当的评价标准和方法，对指导绿色汽车产品的正常发展具有十分重要的意义。绿色汽车的绿色程度体现在产品的生命周期全过程，而不是它的某一局部或某一阶段。普通汽车产品与绿色汽车产品的生命周期含义截然不同，普通汽车产品生命周期是指汽车产品从"摇篮到坟墓"的过程，产品废弃后的一系列问题则很少考虑。这种生命周期是一个开环系统，其结果是废弃后的产品难于回收再利用，只能作为低级的材料加以回收。而绿色汽车的生命周期是从"摇篮到再现"的过程，它是对普通产品生命周期的扩展，即绿色汽车的生命周期除设计、制造、使用，还包括废弃（或淘汰）产品的回收、重用及处理阶段，这种生命周期是一个闭环系统。绿色汽车生命周期包括下面几个内容：

1. 绿色汽车规划及设计开发过程。
2. 绿色汽车制造与生产过程。
3. 绿色汽车使用过程。
4. 绿色汽车维护与服务过程。

绿色汽车的发展前景

当今世界汽车工业的特点是竞争激烈，国际化集约生产趋势明显，少数几家公司正演变为国际性大集团。通用、福特、丰田全球三大汽车公司的汽车产量（轿车）约占世界汽车总量的37%，而全球十大汽车公司的轿车产量约占世界汽车总产量的75%。他们实力雄厚、技术先进，代表了世界汽车工业的发展方向。一个共同特点是在汽车环境保护方面，做了大量的研究工作，投入了大量人力、物力和财力进行绿色汽车的开发研究。世界上实力雄厚的汽车集团公司如美国的通用、福特、克莱斯勒，日本的丰田、本田、三菱，德国的大众、奔驰，法国的雷诺、雪铁龙，韩国的现代、大宇，意大利的菲亚特和瑞典的沃尔沃等，这些大的汽车公司从汽车使用的能源和资源方面，开发电动汽车（EV）和代用燃料汽车（SFV），改善汽车对环境的污染，提倡使用零污染汽车。在汽车材料和车身结构方面进行全面优化，改善汽车发动机燃烧状况，广泛应用燃油电喷系统，极大地降低了汽车尾气排放。雷诺公司在汽车回收方面也不落人后，在1999年，雷诺公司就建立了一个"绿色网络"来回收它在欧洲各地的商业机构产生的废弃汽车并再利用。汽车材料可回收性、汽车安全性、降低成本、减轻质量、限制排放、改善外观等，都是主要优先考虑的问题，该公司初步回收目标达85%。菲亚特汽车公司、沃尔沃汽车公司都非常重视汽车回收再利用，并且做了大量工作。绿色汽车就其目前开发而言，大多在汽车所用能源上想了很多办法，如开发天然气汽车（CNGV）、液化石油气汽车（LPGV）以及电动汽车（EV）等，并且在汽车发动机燃烧、汽车尾气排放治理方面开展了一些工作，带来了很好的经济效益和社会效益。

由于绿色汽车本身具有的优越性，它有着潜在而巨大的汽车市场。绿色汽车的开发是汽车工业新的经济增长点，可使汽车工业真正得到可持续发展。绿色汽车将给人类带来更加灿烂的文明，21世纪将是绿色汽车的世纪。

知识点

绿色汽车

绿色汽车是环保型汽车的美称。通常是指那些开发过程无污染，使用健康且安全，不会破坏环境和生态，在特定的技术标准下生产出来的汽车产品。它对汽车生产基地，汽车能源，汽车尾气的要求，对汽车从成品、销售到废品回收的整个过程的要求，以及对环境，生产技术，安全等方面的要求，都有一定的国际标准。现在市场上的绿色汽车主要有新型柴油车、可变排量发动机汽车、混合动力驱动车、氢气汽车等几大类。

延伸阅读

节能环保驾驶每年可为中国节约两千多万吨燃油

如果中国所有汽车驾驶员采用节能环保驾驶方式，每年可节约燃油两千多万吨。试验表明，采用节能环保驾驶方式，较原来的驾驶行为可以降低油耗 25% 左右。如果一辆轿车按每年 2 万千米、100 千米油耗 8 升计算，每年可节油 400 升。如果中国所有汽车驾驶员采用节能环保驾驶方式，每年可节约 1350 万吨汽油和 1300 万吨柴油。节能环保驾驶方式对降低车用能源消耗、减少环境污染、建设节约型社会有非常重要的积极意义。

国家发改委环资司有关负责人指出，随着中国经济的发展，汽车越来越多地进入普通家庭，汽车保有量的增加加大了中国能源的紧张状况。2008年，中国生产成品汽油约 6 千万吨，成品柴油约 1.3 亿吨。其中，95% 左右的汽油和 40% 左右的柴油被汽车消耗掉，汽车消耗了约 5400 万吨汽油，5200 万吨柴油。汽车节能成为全社会关注的问题。

为了高质量、高效率开展这项活动，中国汽车工业协会和日本汽车工业协会成立了联合工作组。结合中国交通的实际情况，工作组最终确定了 12 项环保驾驶要领，即"规划出行、减重行车、常检胎压、轻踩油门、匀速驾驶、分道行驶、礼貌谦让、松开油门、守规停车、泊车熄火、少开空调、正确暖车"。

▌▌ 自行车——最节能的交通工具

自行车曾经作为衡量生活水平的物件，在"三转一响"中占据不可撼动的地位。随着人们的生活水平日益提高，自行车逐渐被摩托车、公交车、小轿车挤成"小字辈"，失去了昔日的光环。然而，走进新世纪，自行车的命运却又发生了新的变化。在南充的城市道路和乡村公路上，经常可以看见装备精良，特别"拉风"的自行车车队。人们崇尚健康、环保，骑自行车成为休闲娱乐，成为一种生活方式的选择。

中国在物质匮乏的年代，自行车属于奢侈品、紧缺货，要凭票购买。手里没有票，就是有钱也买不成。除了"永久"、"凤凰"、"飞鸽"这3个当年最为响亮的自行车品牌外，上世纪80年代，南充还有本地产"飞川"牌自行车。这种加重车，可以搭上一袋粮食，还可以再带一个人，因其显得耐用实惠，很是"红"了一阵。

改革开放30多年来，摆脱温饱困扰的人们逐渐开始追求生活的品质。生活越过越好，代步的工具越来越多，自行车风光已不再，不过，当一切渐成记忆的时候，因为人们生活理念的改变，自行车又迎来了春天。

骑自行车，环保又节能，受到越来越多喜爱健身运动的市民的青睐。"现在，来买自行车的人越来越多了，有很多人是开着小轿车来买自行车的。"市西河中路一家自行车行的负责人说，早些时候的自行车款式单一，主要是二八圈和二六圈，而且车身很重。现在的自行车有专门用来登山的、比赛的、健身的。这些车子光是所用的材料就比以前的车子好很多，小小的自行车有了变速、照明、减震等多种功能。一些发烧友自己买来配件改装自行车，一辆自行车价值可达数万元甚至十多万元。

永久牌自行车

知识点

永久牌自行车

　　永久牌自行车是上海永久股份有限公司生产的自行车品牌。在20世纪70—80年代，自行车是高档代步工具。那时，农村娶媳妇往往用"永久牌"接新娘子。随着私家车、公交车、轨道交通等出行方式的多样化，永久牌自行车淡出了人们的视线。

上海永久股份有限公司从事自行车的历史最早可追溯到1940年，它是中国最早的自行车整车制造厂家之一。新中国成立以后，它作为最大的国有自行车厂为中国自行车行业的发展作出了不可磨灭的贡献，永久研制了统一全国自行车标准、规格的标定车，又开发了中国第一代660MM轻便车、载重车、赛车及电动自行车、LPG燃气助力车等产品。

延伸阅读

让公共自行车走得更好更远

自行车是我国普及最广的代步交通工具，其拥有量为世界各国之最。作为同城短区间非机动载人设备，自行车廉价、便捷、健身、环保、节能的特点尤为突出，是当今乃至今后更长时间人们生活中不可或缺和替代的主要交通工具之一。

随着节能减排、减少"三公"费用等呼声的日渐强烈，很多城市推广公共自行车。我国最早实行公共自行车的城市是杭州，杭州融鼎科技在2008年5月1日，率先运行公共自行车租赁系统，将自行车纳入公共交通领域，意图让慢行交通与公共交通"无缝对接"，破解交通末端"最后一千米"难题。目前，上海、广州等地的公共自行车推行不错。

开私家车费油，还经常堵车，找车位也很烦恼；骑公共自行车，想走哪儿就走哪儿，不但省了油钱，停车方便，还锻炼了身体。这些都是优点。但是，公共自行车在带给群众方便的同时，也出现了不少问题，主要表现在几个方面：一是站点不够；二是还车难；三是车辆受损，而且是人为破坏；四是出现了偷车事件。

如何让公共自行车走得更好、行得更远，需要政府、营运公司和群众等多方给力。首先，政府必须加大投入。一方面，要投放更多数量的公共自行车，以满足群众的绿色出行需求；另一方面，要在大型商场、交通枢纽、人口较多的社区和公交站台附近等，建设更多的服务站点，解决借车难和还车难的问题。同时，还应从实际出发，酌情增加车辆调度站。

其次，运营公司要完善运行体系和加强管理。第一，保持公共自行车租赁系统稳定畅通，真正做到与公共交通"无缝对接"；第二，加大日常巡查，采取与"天网"配合或站点安装摄像头等方式进行监督，将自行车的管护落实到辖区的物业管理，解决车辆损坏和被盗问题。

此外，群众必须养成良好习惯，既要爱护公共自行车，又要及时归还，不能占为己有。还要加大宣传和打击力度，让群众知晓公共自行车的"来龙去脉"，自觉爱护公共自行车；充分发挥群众的举报投诉监督作用，依照法律法规严厉打击各种偷车行为。

推行公共自行车，是落实以人为本的科学发展观，积极倡导绿色交通的具体行动，对限制城市汽车流量，减少汽车污染，促进节能减排，实现经济社会可持续发展，具有现实作用和重要意义。让公共自行车走得更好更远，是每个人的应尽之举，每个人都应该为国家、为社会作出应有的贡献。

家用汽车节能技巧

目前汽车已经越来越普及到家庭，家用汽车对石油的消耗占能源消耗的很大一部分，同时家用汽车排放的汽车尾气，对环境的危害也非常大，做好家用汽车的节能就同时节约了石油能源的消耗和减少了尾气排放，如果每个驾车者都能尽力做到家用汽车的节能，所有人一起努力，对环境的保护是非常巨大的。

汽车冷启动时，怎样做到一次启动成功

在发动机和油电路正常的情况下，夏季稍带一点阻风门，冬季阻风门拉出一半多点，油门踩下约三分之一处，启动发动机，以达到一次启动成功。启动发动机时要根据每辆车的特点，总结每次启动时燃油耗量，有的车加油快，启动时不须拉阻风门或加空油；但有的车辆必须拉阻风门或加一到二脚空油，可根据车辆的性能看情况处理。冬季、夏季发动机都要做适当预热，据有关资料测定，汽车不预热由10℃启动到50℃时和汽车预热到20℃后再启

动升温到50℃时，预热后的发动机燃油可节省30%，同时，预热启动会减轻发动机磨损程度。

启动后的加速方式与节油

启动后加速的方式有两种，一是急加速，使车辆快速起步；二是慢加速，使车辆缓慢起步。两种方式起步与耗油有着密切关系，急加速比慢加速燃油增加30%以上。在城市行驶车辆，起步次数多，如果注意起步方式，节油率是相当可观的。快速起步可造成机械结合部冲击力增大，加快磨损程度，对安全行车也不利。因此，为了更多地节约燃油，汽车起步后提倡缓加速行驶，避免采用冲击式的起步方式。

车辆行驶要及时换挡

根据车辆行驶道路情况及时换挡，使发动机大部分时间处在中速行驶，不要大油门低挡位或高挡位小油门行驶。因为大油门低挡位行驶，将使发动机转速增高而受到挡位传动比限制，就像一个人是短腿，而你非让他迈大步不可；而高挡位小油门行驶犹如让发动机干活，却不给吃饱饭，使之有气无力。而这都是人为操作不当，一种费油，一种费时。应根据道路选择合适挡位并控制好油门，让车辆发挥出应有的效率，以达到节油的目的。

经济车速能节油

经济车速是指汽车在某一路段行驶时，车速不同，油耗也不一样，不同的行驶速度，其中耗油最低的车速称为经济车速。不同挡位，有不同的经济车速。而经济车速不是固定不变的，它随着道路状况、汽车载荷的变化而变化，路面好、载荷轻，经济车速高，反之经济车速低。低速行驶时，留在气缸内的废气量所占的比重大，因为空气的流速慢，混合气雾化差，使燃料经济性下降，油耗量增加。因此，低速行驶反而会费油。而高速行驶时，车辆振动频率增大，前轮的附着力减小，方向灵敏度加大，影响汽车操纵性和稳定性，使发动机长期处在大负荷转速下工作，燃油消耗增加，发动机温度升高，机油黏度降低，加速机件磨损。所以保持经济车速（中速）可以达到节油的目的。

减速滑行是一种安全的节油措施

减速滑行是指车辆行驶中，如发现前方有障碍、转弯、会车、红灯等暂时不能通行的地段，应采用以滑行代替制动的方式，充分利用车辆的惯性节约燃油，这是一种安全、合理的节油方式。减速滑行优点很多：①节约燃油；②保证行车安全；③滑行时，车辆振动小、噪音低，使乘客感到舒适；④发动机传动系统、制动器和轮胎等可减少磨损，延长车辆使用寿命。一个优秀的驾驶员，行车滑行的里程占总里程的30%以上。这是汽车节油的主要手段，在保证安全的前提下，可大力提倡，但是片面追求"省油"的冒险滑行，盲目认为"凡滑必省"的观点是不可取的。

尾随、会车制动与节油

汽车行驶中，尾随、会车是很普遍的现象，处理得当与否与节油有很大的关系。尾随前车行驶时，距离越近越受前车控制，前车减速，尾随车辆就要制动，前车小制动，尾随车辆就要大制动，两车距离越近，制动机会越多，制动意味着向地上泼油。据有关资料显示，解放 CA10B 型汽车，在车速 40km/h 制动停车一次，就要消耗相当于 100mL 的汽油所产生的能量，每制动一次，要多耗油 50mL 左右，制动越急，耗油越多。会车比尾随车辆行驶更为普遍，会车时，本车前方若有低速车等障碍物时，本车让道要彻底，使对方来车的驾驶员心中有数，以便顺利通过，缩短会车时间。如果似让不让，让道不让速，让速不让道都容易造成两车僵持在障碍物旁边，勉强低速通过甚至停车，这样既不安全，又增加低速挡的使用，必然增加油耗。

综合道路的操作与节油

车辆上坡时，应根据坡度的大小、长短以及交通情况提前加速，尽量做到一次冲坡成功，减少换挡次数。车辆快到坡顶时，油门要提前收回一点，要靠车辆的惯性，使车辆到达坡顶，应尽量使用高速挡，发挥发动机在各挡位的最佳经济动力。换挡要及时，不要等动力降低后再换挡，以免造成重新起步，使油耗增加。车辆行驶在山道弯路时，目光要看远一点，观察前面道路情况和对面是否有车辆驶来，应提前选择好路面和行驶车道，提醒对方，注意安全，避免突变情况使用紧急制动，造成重新起步，增加油耗。车辆通过铁道、十字路口、泥路、急转弯等道路时，应提前减速，滑行代替制动。通过时选择适当挡位，做到一次通过，避免在通过时因车辆熄火，将车辆停放在铁道上、泥坑里，造成重新起步，增加油耗，对安全也不利。

熄火、停车与节油

汽车经过长途行驶后，由于发动机长时间处在大负荷运转状态，发动机温度很高，此时应怠速运转 30 s 左右后熄火，虽然耗点油，但可以避免立即熄火后造成的局部升温，使发动机热启动困难，油耗增加。对停车地点无要求的地方，在停车前就可熄火，以节省燃油。对停车地点有严格要求的地方，应停车后熄火，否则多次起步就要增加油耗。临时停车应视停车时间长短决定是否熄火，一般停车在 1 分钟以上，就应当熄火，可根据当时的环境、气候等条件而定。

停车应避免停在上坡、积水、结冰或松软的路段上，以免造成起步困难，增加油耗。在装御货物地点、车场停车，应避免影响其他车辆通行，否则多次起步也会增加油耗。

驾驶员的素质与节油

驾驶员是汽车的主人和驾驶者，汽车的大多数时间掌握在驾驶员手中，汽车靠他们正确的操作来完成工作。因此驾驶员的文化程度、专业技术水平、操作熟练程度以及思想政治素质等，都和节油有着密切的关系。驾驶员除了会操作、知路况、按规章办事外，还要定期进行技术培训和思想政治教育，使他们不但会开车，还要开好安全车、节油车。汽车在行驶时，驾驶员的思想是高度集中的，心理状态和精神状态如何，对燃油消耗也有很大影响。据大量统计分析，心情舒畅、精神愉快、思想集中的驾驶员，针对不同的路况、弯道、坡度等能恰当地做出判断与处理，收到一定的节油效果。相反，驾驶员闷闷不乐、萎靡不振、精神分散、忧心忡忡，不但不易节油，甚至连安全也无法保证。所以驾驶员必须具备良好的心态和素质，才能开好安全车、节油车。

知识点

阻风门

　　阻风门，是化油器上的启动装置，是装在化油器进气口处的一个可以阻挡进风的阀门。当发动机启动时，驾驶员拉出仪表板上的阻风门拉钮，通过拉线使阻风门关闭，化油器就供给很浓的混合气，使发动机易于启动。启动后，驾驶员应将阻风门推回到接近全开的位置。同时，用手油门稍稍开大节气门，使发动机转速提高，缩短暖机时间，待发动机走热后再全部推回阻风门拉钮。

延伸阅读

日本未来公交车节能又环保

　　在日本，一些新的交通系统以实用化的形式呈现在人们的面前。

超静音巴士

　　没有车轮的LINIMO，借磁的力量浮在轨道仅6毫米的上方行驶，据列车运营机构——爱知高速交通株式会社的介绍："坐在车内，就好像在溜冰场上被人拉着走的感觉。"并且，列车的行驶噪声很小，仅仅只有电力变换装置发生的轻微声响。这种车是世界上恒常电导磁浮式超高速列车实用化的第一例。LINIMO虽然其车辆造价偏高，但是，因其是无人驾驶的自动运行，同时也因车辆与轨道互不接触，所以几乎无须维修、保养等，从这些方面来说，运行成本可以控制在较低的水平上。LINIMO有可能成为取代铁道列车的未来中长途交通运输工具的最有力候选者。

智能型巴士

　　类似大型巴士的车辆以20米左右的间隔列队行驶在铺设有诱导用磁气标记的专用道路上，而且，这些车辆均为无人驾驶的自动行驶。当来到岔路口上，队列中的一些车辆便分道而行，并最后由人驾驶在一般道路上行驶。

这种车在展示现场内行驶的最高时速为 30 千米，不过，如果使用天然气的引擎便可以达到一般汽车的速度。将来，在地铁经济效益较低的小城市里，这种车有希望成为中距离大量运输的交通工具。

混合动力巴士

这种混合动力巴士的动力，是燃料电池与镍氢电池（二次电池）这两种能源动力的混合。燃料电池是以氢为燃料，使氢与空气中的氧气发生化学反应，然后取得其产生的电。燃料电池只排出水（多为水蒸气），而二次电池只产生作为能源的电，所以，这种混合动力巴士称得上是真正的绿色（环保型）交通工具。

由丰田汽车公司开发的混合动力巴士，安装着两台输出功率为 90 千瓦的燃料电池，并把刹车时引擎产生的电力储存在大容量的二次电池里，例如当满载乘客的巴士行驶在上坡道时，车辆便使用二次电池的电来发动引擎。混合动力巴士从外表上来看与普通巴士没有很大的区别，但是，走近了就会发现，混合动力巴士没有废气排出的难闻气味，它还有一个特点就是静音行驶，几乎没有声响。

汽车节能的出路

选购小排量汽车

汽车耗油量通常随排气量上升而增加，排气量为 1.3 升的车与 2.0 升的车相比，每年可节油 294 升，相应减排二氧化碳 647 千克。如果全国每年新售出的轿车（约 382.89 万辆）排气量平均降低 0.1 升，那么可节油 1.6 亿升，减排二氧化碳 35.4 万吨。

小排量汽车

选购混合动力汽车

混合动力车可省油30%以上，每辆普通轿车每年可因此节油约378升，相应减排二氧化碳832千克。如果混合动力车的销售量占到全国轿车年销售量的10%（约38.3万辆），那么每年可节油1.45亿升，减排二氧化碳31.8万吨。

科学用车，注意保养

汽车车况不良会导致油耗大大增加，而发动机的空转也很耗油，通过及时更换空气滤清器，保持合适胎压，及时熄火或在正常保养时加注汽车节能减排增效剂等措施，每辆车每年可减少油耗约180升，相应减排二氧化碳400千克。如果全国1248万辆私人轿车每天减少发动机空转3—5分钟，并有10%的车况得以改善，那么每年可节油6.0亿升，减排二氧化碳130万吨。

生物燃料代替汽柴油

汽油和柴油：环保型的汽油和柴油能提高汽车的性能。它能清洁汽车的引擎，减少引擎的摩擦力，并使燃油能更充分燃烧，从而降低对空气的污染。

生物液体燃料：生物液体燃料与传统车用燃料相比，可以潜在地带来二氧化碳减排。中国已经是燃料乙醇的世界第三大生产国和使用国。燃料乙醇在全国9个省的车用燃料市场得以推广和使用。

▶ 知识点

生物燃料

生物燃料泛指由生物质组成或萃取的固体、液体或气体燃料。可以替代由石油制取的汽油和柴油，是可再生能源开发利用的重要方向。所谓的生物质是指利用大气、水、土地等通过光合作用而产生的各种有机体，即一切有生命的可以生长的有机物质。它包括动物和微生物。不同于石油、煤炭、核能等传统燃料，这新兴的燃料是可再生燃料。

延伸阅读

低碳出行方法多

每月少开一天车

每月少开一天车，每车每年可节油约 44 升，相应减排二氧化碳 98 千克。如果全国 1248 万辆私人轿车的车主都做到，每年可节油约 5.54 亿升，减排二氧化碳 122 万吨。

以节能方式出行 200 千米

骑自行车或步行代替驾车出行 100 千米，可以节油约 9 升；坐公交车代替自驾车出行 100 千米，可省油 $\frac{5}{6}$。按以上方式节能出行 200 千米，每人可以减少汽油消耗 16.7 升，相应减排二氧化碳 36.8 千克。如果全国 1248 万辆私人轿车的车主都这么做，那么每年可以节油 2.1 亿升，减排二氧化碳 46 万吨。

明智的旅行

先计划好最佳路线再出发。

仔细想想你的旅行需求。尽量使用公共交通工具。

你有想过跟家人和朋友共乘一辆汽车吗？你真的需要飞行吗？可能一个电话会议更节省时间、金钱和降低二氧化碳排放量。

提高出门办事效率

除非必需，不单独驾车出门。每次出门之前，把要办的事列出来，争取一口气办完。这样可以减少塞车造成的能源浪费和环境污染。

开车时

行驶时注意油离配合，保持在经济时速。试验显示，油门踩到底比中速行驶费油 2~3 倍，所以在行驶中猛刹车、猛起步都是大忌，尽量做到平稳起步。

在排队、堵车或等人时，尽量避免发动机空转。发动机空转 3 分钟的油耗可以让汽车行驶 1 千米。因此，如果滞留时间超过 1 分钟，就应该熄火。

大力建设节能型住宅

节能型住宅讲的主要是节约能源，节约有相对的几个条件：第一，主要指节约一次性能源，就是不可再生的，比如石油、天然气、木材、煤；第二，节能住宅分最基本的节能手段和为了达到高适度采用的降低房屋能耗的节能手段和系统。

节能型住宅分初级的和高级的。初级的采用一些单一的节能手段，简单地运用节能技术达到基本的节能效果，比如保温材料节能，在北方主要体现在冬季，降低采暖的能耗；南方主要是降低夏天的制冷的能耗，情况有所不同。但都是采取单向的技术，使能耗能够降低下来，舒适度达不到太高的要求。而现在国内高水平的节能型住宅，它的恒温、恒湿，不是靠风，而是靠楼板辐射制热、制冷，这一类称之为高级节能住宅。

节能型住宅

传统意义上的砖混建筑的外墙，保温性能差。节能型住宅一般采用外墙复合保温，有三种不同的保温形式相互合理套用。例如外墙夹心保温，它是将保温材料置于同一外墙的内外侧墙片之间，夹心保温采用 4cm 厚的苯板。建筑保温就好像是给大楼穿上"棉衣"，夹心层就是大楼所穿"棉衣"里的"棉花"。四面外墙都做保温处理，这样将避免住宅的外墙热损失、门窗热损失、屋顶热损失等，居住建筑节能效率可由 50% 提高至 65%。这不但可以增强冬季保暖效果，也可以减少夏季空调用电，减少使用成本，春秋季节的居住舒适度也会相应提高。但是这方面技术的专业性较强，所以消费者在购房时要仔细阅读资料或向开发商询问，一定要弄清住宅有关外保温方面的构造以及节能效果。

不仅如此，节能建筑还涉及门窗的气密性、水密性和抗风压性能、分户墙和楼地面的保温性能，同时建筑的朝向是否采用南北方向设置、建筑群是否摒弃周边式布局、楼间距是否得到保证、建筑物体形系数是否超过了节能设计标准、是否尽量减少使用大窗户、阳台的底部是否经过特殊处理以及外

外墙保温板

墙的颜色选择等方面都将直接或间接地影响建筑物的节能效果，因此，节能是一个宽泛的概念，节能涉及的内容也很广泛，建筑物的这件"棉衣"技术含量不低。

除了房屋的"外衣"节能之外，内部环境的节能也是必不可少的，从房屋地板的选材、到墙面的色调以及各种电路的设计，采暖、通风方式的选择等，都会对节能有所影响。另外房间动静分区明确、功能空间齐全、组织紧凑合理也对节能有所影响。比如把卫生间贴近卧室、将厨房与餐厅联系紧密、让生活阳台与居室结合、厨房与服务阳台相通、主卧室设专用卫生间等，有的房型还设置进入式贮藏室，比较注重实用性。其次，各功能空间的面积配置和尺度掌握要与套型面积标准相协调。房型设计上，面宽和进深的尺度都要恰当，适宜家具布置和人居功能。最后，要看平面组织、门窗的位置，能够充分考虑到通风和日照的效果。良好的通风设计可迅速稀释空气中的有害物，充足的日照具有清洁杀菌能力，可改善室内环境质量，并可节约能源。近几年，板式住宅套型之所以受到欢迎，正是由于它具有创造了室内生态环境的优势。

我国是一个能耗大国，能耗消费总量排在世界第二。而我国人口众多，能

采光型屋顶

源资源相对缺乏，人均能源占有量仅为世界平均水平的40%。我国的建筑能耗已占到全社会总能耗的30%左右。在目前我国能源形势相当严峻，在今后的长时期内也将难以缓解的状况下，节约能源已是刻不容缓。为了使国民经济持续、稳定、协调发展，提高环境质量，必须节约使用能源，逐步扭转能源浪费严重的局面。

随着国民经济的快速发展，居民空调的拥有量呈直线上升态势。而空调能耗产生的二氧化硫、氮氧化物和其他污染物都会污染空气、危害人的身体健康，造成环境酸化，破坏生态平衡。同时，由于人民生活水平的不断提高，又对建筑热环境的需求提出了更高的要求。通过建筑节能可以减少污染物的排放量，减轻大气污染，保护生态环境和提高建筑热环境的质量。

随着我国经济快速稳定发展和人民生活水平的提高，追求舒适的居住环境成了人们的迫切需要，节能建筑由于采用了成套的节能技术措施，譬如适当控制建筑体形系数，即建筑物外表面积与其所包围的体积的比值；采用保温性能良好的加气混凝土砌块等新型墙体材料；采用墙体保温、屋面保温、中空双层玻璃窗、保温门和节能空调等，减少了围护结构的散热，改善了建筑热环境的质量，提高了供热系统的热效率，既节约了能源、又降低了房屋的使用成本，住户得到了实惠。

以国家康居示范工程绿景苑为例：小区采用了外墙面和屋面保温隔热材料、中空双层玻璃塑料窗、太阳能供热水、太阳能照明、地板辐射采暖、生活污水处理回用等62项新技术，节约了大量的水、电资源。

据对小区居民抽样调查反映，外墙采用建筑保温隔热材料的住宅，居民启动空调制冷送暖期比未采用外墙保温材料的住宅要少两个月，且每天运行期间短、耗能少，节能达到30%以上。

太阳能热水器的使用。以太阳能集热为主，电加热为辅，一年365天均有热水供应，能保证三口之家的正常使用。户均年节约电约860千瓦，可节省费用400余元。

太阳能照明灯保证了小区的庭院灯和草坪灯的正常使用，既环保节能、又美化了小区环境。小区内共安装了太阳能庭院灯20盏、草坪灯66盏、装饰灯16盏，每年可为小区节省电费、维修费约3万元。

地板辐射采暖具有冬季地板采暖舒适节能、夏季空调方便调控、蓄热性好、绿色环保等特点。经测算，比传统采暖方式节能20%~30%。

生活污水处理站全自动运行，无噪声、无臭味，在小区形成了景点式生态人工湿地。每天处理污水50吨，用于小区绿化喷灌、景观、冲洗道路，每年可节约用水1.8万吨。

普通住宅建筑能耗高，夏天湿热、冬天湿冷，舒适性差。而绿景苑由于采用了特殊墙体，既保温又隔热。夏季室内温度比普通建筑约低2℃~3℃，冬季室内气温比普通建筑高4℃以上。

综合效益明显。房屋造价比一般建筑高出约3%，但由于节能和优化组合，每年的运营费用可节约50%以上。

知识点

地板辐射采暖

地板辐射采暖是以温度不高于60℃的热水，在埋置于地板下的盘管系统内循环流动，加热整个地板，通过地面均匀地向室内辐射散热的一种供暖方式。地板辐射采暖相比传统采暖有无可比拟的优势，具有舒适、节能、环保等优点，在国外该技术不仅大量用于民用住宅和各类医疗机构、游泳馆、健身房、商场、写字楼等公共建筑，还大量用于厂房、飞机库、花坛、足球场及蔬菜大棚等建筑系统保温，甚至用于室外道路、屋顶、楼梯、机场跑道融雪和各类工业管线的保温。目前欧美发达国家超过50%的新建建筑中都采用了地板辐射采暖系统。

延伸阅读

节能环保建筑的意义

我国是一个发展中大国，又是一个建筑大国，每年新建房屋面积高达17亿~18亿平方米，超过所有发达国家每年建成建筑面积的总和。随着全面建设小康社会的逐步推进，建设事业迅猛发展，建筑能耗迅速增长。所谓建筑能耗指建筑使用能耗，包括采暖、空调、热水供应、照明、炊事、家用电器、电梯等方面的能耗。其中采暖、空调能耗约占60%~70%。我国目前既有的近400亿平方米建筑，仅有1%为节能建筑，其余无论从建筑围护结构还是采暖空调系统来衡量，均属于高耗能建筑。单位面积采暖所耗能源相当于纬度相近的发达国家的2~3倍。这是由于我国的建筑围护结构保温隔热性能差，采暖用能的三分之二白白跑掉。而每年的新建建筑中真正称得上"节能建筑"的还不足1亿平方米，建筑耗能总量在我国能源消费总量中的份额已超过27%，逐渐接近三成。

我们必须清醒地认识到，我国是一个发展中国家，人口众多，人均能源资源相对匮乏。人均耕地只有世界人均耕地的三分之一，水资源只有世界人均占有量的四分之一，已探明的煤炭储量只占世界储量的11%，原油占2.4%。每年新建建筑使用的实心黏土砖，毁掉良田12万亩。物耗水平相比较发达国家，钢材高出10%~25%，每立方米混凝土多用水泥80千克，污水回用率仅为25%，国民经济要实现可持续发展，推行节能环保建筑势在必行、迫在眉睫。

我国是人口多、资源贫乏的国家，煤炭只有世界人均水平的二分之一，原油只有七分之一，天然气只有十分之一，水只有四分之一。建筑能耗（包括：建材生产、建筑施工和建筑使用能耗）是建筑、制造、交通三大能耗之首，占全社会总能耗的近一半，实行建筑节能，降低建筑能耗，减少环境污染，已刻不容缓。

开展建筑节能是国家实施节能战略的重要方面。必须在住宅外墙保温、门窗设计、屋顶保温这三方面下大功夫，努力达到节能住宅的设计标准。

开发绿色建筑

绿色建筑是指在建筑的全寿命周期内，最大限度地节约资源（节能、节地、节水、节材），保护环境和减少污染，为人们提供健康、适用和高效的使用空间，与自然和谐共生的建筑。

所谓"绿色建筑"的"绿色"，并不是指一般意义的立体绿化、屋顶花园，而是代表一种概念或象征，指建筑对环境无害，能充分利用环境自然资源，并且在不破坏环境基本生态平衡条件下建造的一种建筑，又可称为可持续发展建筑、生态建筑、回归大自然建筑、节能环保建筑等。

绿色建筑的室内布局十分合理，尽量减少使用合成材料，充分利用阳光，节省能源，为居住者创造一种接近自然的感觉。

以人、建筑和自然环境的协调发展为目标，在利用天然条件和人工手段创造良好、健康的居住环境的同时，尽可能地控制和减少对自然环境的使用和破坏，充分体现向大自然的索取和回报之间的平衡。

绿色建筑的基本内涵可归纳为：减轻建筑对环境的负荷，即节约能源及资源；提供安全、健康、舒适性良好的生活空间；与自然环境亲和，做到人及建筑与环境的和谐共处、持续发展。

绿色建筑设计理念包括以下几个方面：

节能能源：充分利用太阳能，采用节能的建筑围护结构以及采暖和空调，减少采暖和空调的使用。根据自然通风的原理设置风冷系统，使建筑能够有效地利用夏季的主导风向。建筑采用适应当地气候条件的平面形式及总体布局。

节约资源：在建筑设计、建造和建筑材料的选择中，均考虑资源的合理使用和处置。要减少资源的使用，力求使资源可再生利用。节约水资源，包括绿化的节约用水。

回归自然：绿色建筑外部要强调与周边环境相融合，和谐一致、动静互补，做到保护自然生态环境。

舒适和健康的生活环境：建筑内部不使用对人体有害的建筑材料和装修

材料。室内空气清新，温、湿度适当，使居住者感觉良好，身心健康。

绿色建筑的建造特点包括：对建筑的地理条件有明确的要求，土壤中不存在有毒、有害物质，地温适宜，地下水纯净，地磁适中。

绿色建筑应尽量采用天然材料。建筑中采用的木材、树皮、竹材、石块、石灰、油漆等，要经过检验处理，确保对人体无害。

绿色建筑还要根据地理条件，设置太阳能采暖、热水、发电及风力发电装置，以充分利用环境提供的天然可再生能源。

知识点

地 磁

地磁又称"地球磁场"或"地磁场"。指地球周围空间分布的磁场。地球磁场近似于一个位于地球中心的磁偶极子的磁场。它的磁南极（S）大致指向地理北极附近，磁北极（N）大致指向地理南极附近。地表各处地磁场的方向和强度都因地而异。赤道附近磁场最小（为0.3~0.4奥斯特），两极最强（约为0.7奥斯特）。其磁感线分布特点是赤道附近磁场的方向是水平的，两极附近则与地表垂直。地球表面的磁场受到各种因素的影响而随时间发生变化。地磁的南北极与地理上的南北极相反。

延伸阅读

既节能又环保 美国掀起白色屋顶"热"

每到夏天，沃杰普夫妇一回到他们位于美国加利福尼亚州萨克拉门托（Sacramento）的家就必须马上打开空调，因为房子的温度已高达46℃。但从上个月开始，情况开始变化，即使室外超过38℃的时候，室内却仍不到27℃。

带来清凉的正是一个发亮的白色塑料屋顶。专家表示它不仅节能，还能降温。屋顶降温的原理很简单：白色物体比深色物体吸热少。现在，很多家庭都和沃杰普家一样，使用这种清凉屋顶，以最经济实惠的方式来对抗气候变化。

据《纽约时报》消息，研究表明，在炎炎的夏日，白色屋顶能将空调费用降低20%。能源消耗的减少意味着二氧化碳排放量的降低，同时，由于材质不同，白色屋顶比深色的成本要低15%。

沃杰普家的三居室这个月用电量比去年同期少了10%。如果他们在工作日使用中央空调，还能节省更多的用电量。

美国能源部长朱棣文主张大力推广降温屋顶。这位诺贝尔物理学奖获得者认为屋顶降温可以在20年内减少240亿吨二氧化碳排放。朱棣文说："240亿吨相当于全世界去年二氧化碳排放的总量。从某种意义上说，使用白色屋顶相当于全球停止运转一年。"

据《纽约时报》报道，白色屋顶在热带地区已经有几百年的历史了。20世纪中叶之前没有空调，南佛罗里达的人们普遍使用白色或者奶油色的锡屋顶。随着空调而来的是深色屋顶，其主要成分是沥青。这些材料会吸收90%的太阳能热量，而白色屋顶只吸收10%～15%。

全美屋顶制造商都在竞相开发降温屋顶。除白色之外，一些制造商还开发了奶油色、黄土色和灰色的屋顶。

位于田纳西州的国家实验室做了一个试验：四所新房子安装了两种陶土色的水泥瓦，其中一种表面所刷的漆能反射45%的阳光，是另外一种的两倍。实验结果表明，使用高反射漆的两座房屋比未使用的两座用电量少35%。

装修节能窍门多

减少装修铝材使用量

铝是能耗最大的金属冶炼产品之一。减少1千克装修用铝材，可节能

铝合金门窗

约 9.6 千克标准煤，相应减排二氧化碳 24.7 千克。如果全国每年 2000 万户左右的家庭装修能做到这一点，那么可节能约 19.2 万吨标准煤，减排二氧化碳 49.4 万吨。

减少装修钢材使用量

钢材是住宅装修最常用的材料之一，钢材生产也是耗能排碳的大户。减少 1 千克装修用钢材，可节能约 0.74 千克标准煤，相应减排二氧化碳 1.9 千克。如果全国每年 2000 万户左右的家庭装修能做到这一点，那么可节能约 1.5 万吨标准煤，减排二氧化碳 3.8 万吨。

减少装修木材使用量

适当减少装修木材使用量，不但保护森林，增加二氧化碳吸收量，而且减少了木材加工、运输过程中的能源消耗。少使用 0.1 立方米装修用的木材，可节能约 25 千克标准煤，相应减排二氧化碳 64.3 千克。如果全国每年 2000 万户左右的家庭装修能做到这一点，那么可节能约 50 万吨标准煤，减排二氧化碳 129 万吨。

木地板

减少建筑陶瓷使用量

家庭装修时使用陶瓷能使住宅更美观，不过，浪费也就此产生，部分家庭甚至存在奢侈装修的现象。节约 1 平方米的建筑陶瓷，可节能约 6 千克标准煤，相应减排二氧化碳 15.4 千克。如果全国每年 2000 万户左右的家庭装修能做到这一点，那么可节能约 12 万吨，减排二氧化碳 30.8 万吨。

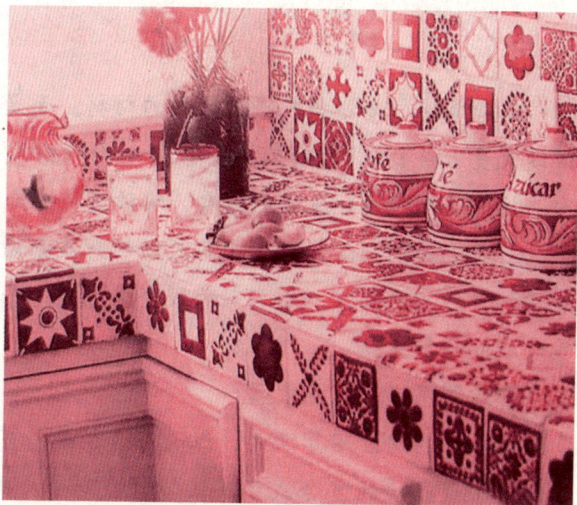

陶瓷家居

知识点

陶 瓷

陶瓷是陶器和瓷器的总称。中国人早在公元前 8000—2000 年（新石器时代）就发明了陶器。陶瓷材料大多是氧化物、氮化物、硼化物和碳化物等。常见的陶瓷材料有黏土、氧化铝、高岭土等。陶瓷材料一般硬度较高，但可塑性较差。除了在食器、装饰的使用上，在科学、技术的发展中亦扮演重要角色。陶瓷原料是地球原有的大量资源黏土经过萃取而成的。而黏土的性质具韧性，常温遇水可塑，微干可雕，全干可磨；烧至 700℃可成陶器能装水；烧至 1230℃则瓷化，可完全不吸水且耐高温耐腐蚀。其用法之弹性，在今日文化科技中尚有各种创意的应用。

延伸阅读

装修，你节能了吗？

此处节能，并非指装修所使用的材料，而是指在装修入住后，是否还在继续大量"烧钱"。很少有人在装修时会考虑到入住后的实用情况，大多数人关注的是哪种设计风格更好看，哪种材料性价比更高。

其实，如果在设计时就能从长远的角度来看，向装修要效益，入住后仍能捂紧自己的钱包，节省下来的钱会很可观。如何才能使自己的整体设计方案既经济又节能呢？

热水器不宜离花洒太远

刘女士的房子不算很大，但因为是顶楼，另赠送了阁楼和平台，这就成了刘女士最喜欢的复合式了。装修时，刘女士把太阳能热水器放在了顶楼，随着天气逐渐转凉，刘女士发现了一个问题：每次在楼下洗澡，事先要放掉差不多一桶的冷水，热水才慢慢出来。"假如一家三口不在同一时间内洗澡，那么每洗一次澡就要浪费很多冷水。"

像刘女士这样的情况，可以在楼下的卫生间里装一个小型的热水器，离经常使用的花洒近一些，这样能避免热能和水资源流失过多。

装饰灯具不必通电

小宋新居的顶棚上安装了一些灯但不是个个都亮，问下来才知道，这里大部分灯都没有通电。"就是为了装饰一下，我们使用的全部是节能灯泡，每个房间也没有安落地灯、壁灯什么的"。在装修时，小宋就打定主意要节约成本，首先就从灯具上着手。"有的人在一间卧室里就装了6个灯，实际上根本没用，线路走得多，不但造成浪费，而且不安全的隐患也会增多"。

另外，出门时最好随手拉掉不需要持续供电的电闸，很多人认为，不看电视，不开空调、电脑，不听音乐，手机不在充电状态下，就不会耗电。事实是，使用遥控器开关或不拔下插头，电表照样走字，这就是待机能耗。

防西晒可做一道隔热层

小王夫妇最近买了一套60多平方米的二手房，靠近小区的西面，因此在装修时，设计师建议靠西的墙面做一块隔热层，这样可以阻挡夏日热烈的西晒太阳。小王也觉得最好做一道隔热层，但打听下来，做一道隔热层大约要使墙体增加 5 厘米的厚度，这会让本来面积就不大的家更加捉襟见肘，最终小王还是没有听取设计师的建议。

许多房子有西晒问题，特别是老房子，由于年代久远，很多材料发生老化，耐热性大不如从前。但由于空间面积问题，很多业主都会像小王那样不做隔热层，直到装修结束后感觉家里闷热才后悔。

其实，节能装修涉及的领域除了水、电、墙体外，还有很多细节，如插座的方位等等，这些都应从前期设计就开始考虑，这样才能做到事半功倍，达到花小钱省大钱的初衷。

办公室如何节能环保

办公室是上班族们耗费时间最久的活动场所，办公室内多注意一些节能细节，不仅有利于节能，而其对减少办公室垃圾污染，保护环境有非常大的好处。

办公室电脑

办公电脑配置要合适

选择合适的电脑配置。例如，显示器的选择要适当，因为显示器越大，消耗的能源越多。一台 17 英寸的显示器比 14 英寸显示器耗能多 35%。

办公电脑屏保画面要简单，及时关闭显示器

屏幕保护

屏幕保护越简单越好，最好是不设置屏幕保护，运行庞大复杂的屏幕保护可能会比你正常运行时更加耗电。可以把屏幕保护设为"无"，然后在电源使用方案里面设置关闭显示器的时间，直接关显示器比起任何屏幕保护都要省电。

办公电脑尽量选用硬盘

要看 DVD 或者 VCD，不要使用内置的光驱和软驱，可以先复制到硬盘上面来播放，因为光驱的高速转动将耗费大量的电能。

办公电脑禁用闲置接口和设备

对于暂时不用的接口和设备如串口、并口和红外线接口、无线网卡等，可以在 BIOS 或者设备管理器里面禁用它们，从而降低负荷，节约能源。

电脑关机拔插头

关机之后，要将插头拔出，否则电脑会有约 4.8 瓦的能耗。

办公电脑需经常保养

对机器要经常保养，注意防尘防潮。机器集尘过多将影响散热效率，显示器集尘将影响亮度。定期除尘，卫生环保。

打印机共享，节能效更高

将打印机联网，办公室内共用一部打印机，可以减少设备闲置，提高效率，节约能源。

运用草稿模式，打印机省墨又节电

在打印非正式文稿时，可将标准打印模式改为草稿打印机模式。具体做法是在执行打印前先打开打印机的"属性"对话框，单击"打印首选项"，其下就有一个"模式选择"窗口，在这里我们可以打开"草稿模式"（有些打印机也称之为"省墨模式"或"经济模式"），这样打印机就会以省墨模式打印。这种方法省墨 30% 以上，同时可提高打印速度，节约电能。打印出来的文稿用于日常的校对或传阅绰绰有余。避免了纸张的浪费，保护了环境。

断电拔插头

下班时或长时间不用，应关闭打印机及其服务器的电源，减少能耗，同时将插头拔出。据估计，仅此一项，全国一年可减少二氧化碳排放 1474 万吨。

根据打印尽量使用小号字

要根具不同需要，所有文件尽量使用小字号字体，可省纸省电。

减少使用纸杯

员工尽量使用自己的水杯，纸杯是给来客准备的。开会时，请让本单位的与会人员自带水杯。

一次性纸杯

减少使用一次性用品

多用手帕擦汗、擦手，可减少卫生纸、面纸的浪费。尽量使用抹布。使用可更换笔芯的原子笔、钢笔替换一次性书写笔。

减少使用木杆铅笔

少用木杆铅笔，多用自动铅笔，一些发达国家已经把制造木杆铅笔视为"夕阳工业"，开始只生产自动铅笔。

减少使用含苯溶剂产品

多使用回形针、订书钉，少用含苯的溶剂产品，如胶水、修正液等。

推行电子政务

尽量使用电子邮件代替纸类公文。倡导使用电子贺卡，减少部门间纸质贺卡的使用。如果全国机关、学校等都采用电子办公，每年可减少纸张消耗在 100 万吨以上，节省造纸消耗的 100 多万吨标准煤，同时减少森林消耗。

重复利用公文袋

公文袋可以多次重复使用，各部门应将可重复使用的公文袋回收再利用。

知识点

无线网卡

无线网卡是终端无线网络的设备，是在无线局域网的无线覆盖下通过无线连接网络进行上网使用的无线终端设备。具体来说无线网卡就是使你的电脑可以利用无线来上网的一个装置，但是有了无线网卡也还需要一个可以连接的无线网络，如果在家里或者所在地有无线路由器或者无线 AP 的覆盖，就可以通过无线网卡以无线的方式连接无线网络上网。

延伸阅读

远程会议办公更节能

专家分析，减少二氧化碳排放量最有效的方法之一，就是减少不必要的旅行。除了选择低碳办公设备，减少文件复印打印以外，有效地利用远程视频会议平台，可降低30%的二氧化碳的排放量。

1. 召开远程会议：无论是董事会议或是全国销售会议，没必要所有人都要长途差旅。简单地运用网络视频会议系统，在降低企业运营成本的同时，可以迅速降低二氧化碳的排放量。

2. 远程培训：对于人力资源部门来说，采用远程培训的方式对各地分支机构员工进行培训，无疑是最快速最有效的方法，同时，还可以利用 Online 线上学习平台，采用录制的标准课件，可以进一步提升学习效率。

3. 远程客户服务：通过远程客户服务平台，销售人员和工程师就可以在公司为远在千里之外的客户在线解决问题，可远程控制用户桌面，并查找、修复发现的问题，维护系统安全等，从而减少差旅对环境的负面影响。

4. 远程办公：可以安排部分员工定期在家工作，在降低企业运营成本的同时还可以提高生产力和员工士气，节省了每天在路上的几小时的交通堵塞。

5. 项目协同工作：项目组的成员能进行远程协作，使地理上分开的工作组以更高的速率和灵活性以电子方式组织起来。许多大公司与其分公司间通过视讯平台，利用桌面视讯会议，实现整个公司的办公自动化，相关人员可以在屏幕上共同修改文本、图表，进行资源共享。

6. 网上发布会：举办在线的产品发布会或渠道会议，企业客户、合作伙伴通过视讯平台远程参与，相对比传统的发布会将大大节约邀请嘉宾参会的差旅费和招待费，这是一场高效率，低碳的产品发布会。

7. 远程商务洽谈：视讯业务最普遍最广泛的应用，适用于一些大型集团公司、外商独资企业等在商务活动猛增的情况下，逐步利用视讯会议方式组织部分商务谈判、业务管理和商务谈判。

8. 团队建设：多个办事处并不意味着各自孤立，同事之间经常使用远程视频会议彼此见面沟通，就好像在同一间办公室，有助于提高团队的协作。

9. 人力资源招聘：通过视频面对面地初步筛选合适的候选人，对企业和应聘者来说都极大地提高了工作效率，视频面试比电话面试更加真实可靠，并且企业还拓宽了招聘渠道，可以获取更多的在异地的人才。

10. 减少办公设备使用：采取无纸化办公平台，尽量减少文件复印及打印。可以通过网络在线处理公文、收发电子邮件、传真，在减少纸张消耗的同时，更可提高办公效率。

电脑与节能环保

电脑已成为人们日常工作和生活中必不可少的一部分，近来电脑的节能和环保也开始引起人们广泛的注意。那么电脑如何节能呢？专家指出，使用方法得当，设备适当是电脑节能的关键。

1. 关机：记住一切休眠模式都没有关机来得实在。如果你是长时间离开电脑，哦，看在上帝的面上，还是关掉那吃电的机器吧。

2. 硬盘：硬盘也是个费电的家伙，而且它一直都在运作，当然我们不可能用降低硬盘转数的方法来降低用电，但我们可以在不用电脑的时候，把系统开启休眠模式。

3. 充电：充电器永远都是电能的吸血鬼。如果你的手机已不需要充电，请把充电器从插座上拔下来吧，记住不要让这个吸血鬼有任何的机会，为了安全起见这也是必要的。

4. 设置：必要的省电设置。记得许多手机里都有个省电模式，电脑也不例外，大多数系统的控制面板里，都有一些省电设置，如果细心能找到好多呢！

5. 插座：如果有可能的话换上节能的智能电源插座，它能在电脑开机或者关机的时候减少不必要的耗电。

6. 进程：删掉不必要的进程。特别是笔记本上的开机软件，尽量做到少，诸如蓝牙、Wifi 功能等无线网络如果不用的时候还是关闭吧。时常检查自己电脑的进程还能起到一个人为病毒检视功能呢。

7. 虚拟系统：如果你不得不用上 MAC，PC Windows 和 Linux 的话，你可以试一试在一台电脑上装上 3 个系统或者模拟系统。这样不仅仅节约了 3 台电脑的电能，还省下了一笔买电脑的钱。

8. 亮度调低：事实证明，如果显示器的亮度调低的话是有助于节省电能的，如果你实在不习惯可以设置为无人时屏幕关闭或者自动降低亮度。

9. 硬件升级：老式的 CRT 显示器显然要比 LCD 更耗电，所以如果我们有足够的钱最好还是把这些硬件做一些升级换代吧。

电脑辐射及防护

电脑作为一种现代高科技的产物和电器设备，在给人们的生活带来更多便利、高效与欢乐的同时，也存在着一些有害于人类健康的不利因素。

电脑对人类健康的隐患，从辐射类型来看，主要包括电脑在工作时产生和发出的电磁辐射（各种电磁射线和电磁波等）、声（噪音）、光（紫外线、红外线辐射以及可见光等）等多种辐射"污染"，它虽然不像石油、煤炭等对空气和水等环境造成大的污染，但放射出的有害物质同样危害着所有人的健康。

防电脑辐射误区

很长一段时间以来，由射线防护品生产厂商们炒作的电磁辐射危害人类生存的浪潮愈演愈烈，引诱了很多日用品的生产者跟风，向消费者不断推销号称"世界领先科技"的防护用品，如：防电脑辐射的眼镜、手套、面罩、上衣、裤子。甚至孕妇专用的套装等等千奇百怪，自然化妆品的商家也不会放过如此良机，各种"防电脑辐射化妆品"被带上高科技的花冠粉饰登场。让我们从科学基础知识的原理出发，探究这些"雾中花"的真实面容。

综上所述，我们真正认清了电脑电磁辐射的实质，不被夸大的宣传而扭曲真相。戳穿了所谓"防电脑辐射化妆品"的谎言，找到了电脑皮肤问题的对症美容康复之路。

电脑产生的"磁辐射"是什么？

基础物理学告诉每位中学生：当电流在导体中流动时，在其外部空间一定产生磁场，带有一定能量的磁感线不停地从一个磁极流向另一个磁极，我们人类就生活在这样一个天然的和人造的大磁场之中。如果磁场过强，就会对人体产生"磁污染"。

曾有文献报道：1998 年世界卫生组织列出电磁辐射对人体的五大影响：

1. 电磁辐射是心血管病、糖尿病、癌突变的主要诱因。
2. 电磁辐射对人体生殖系统、神经系统、免疫系统造成伤害。
3. 电磁辐射是孕妇流产、不育、畸胎等病变的诱发因素。
4. 电磁辐射直接影响儿童的智力发育、骨骼发育，导致视力下降、视网膜脱落、肝脏造血功能下降。

5. 电磁辐射虽然可使生理功能下降，女性内分泌紊乱，月经失调，但很多媒体把"磁污染"与正常生存的"磁效应"混为一谈，应辨明的是：这些危害人体的问题源自于电磁过量的"污染"，适当应用电磁屏蔽材料的产品不会有这方面问题，从很多环保资料提供的数据看：电脑在运行时，由机箱主体及显示器发出的电磁波，会对周围的环境造成污染，不利于健康。

目前，国内对电子产品的辐射有了严格的规定，如强制执行的 3C 认证就是其中之一，但从实际情况来看，要在电脑设计中完全杜绝辐射并不现实。因此作为用户，我们可以购买通过 TCO 认证的显示器、选择大品牌厂商的机箱或应用特殊的专业防辐射材料的产品来避免电磁辐射问题。尽管电磁辐射无时不在、无处不在，但只要掌握足够的辐射知识和计算机的正确使用方法，就完全不用为计算机的电磁辐射感到恐慌。

专家研究发现，其实凡是用电的日常家用设备都会产生电磁辐射，对人体有无危害，最重要的是要看辐射能量的大小。根据国际辐射防护协会和国际劳工组织的规定，磁场的安全强度是 0.2 ~ 0.4 微特斯拉（这是 24 小时接触计算机时的磁场安全限），低于此强度对人体没有危害。一些专门研究机构测试过计算机的磁场强度，结果发现，紧贴荧光屏处磁场强度为 0.9 微特斯拉，但离开荧屏约 5 厘米处，强度不到 0.1 微特斯拉，再远一点至 30 厘米处（这是计算机操作者的身体与荧屏之间的习惯距离），其强度几乎无法测出。此外，空间中的电磁波确实是无处不在的，但是在一般情况下，这种电磁辐射的强度很小，不会对人体健康造成伤害。我国颁布的《电磁辐射防护规定》，规定了电磁辐射污染的设备和对人员影响的标准限值，只有当电磁波达到一定强度的时候，才需要重点保护。

防电脑辐射方法

第一，对于生活紧张而忙碌的人群来说，抵御电脑辐射最简单的办法就是在每天上午喝 2 ~ 3 杯的绿茶，吃一个橘子。茶叶中含有丰富的维生素 A 原，它被人体吸收后，能迅速转化为维生素 A。维生素 A 不但能合成视紫红质，还能使眼睛在暗光下看东西更清楚，因此，绿茶不但能消除电脑辐射的危害，还能保护和提高视力。如果不习惯喝绿茶，菊花茶同样也能起着抵抗电脑辐射和调节身体功能的作用，螺旋藻、沙棘油也具有抗辐射的作用。

第二，上网前先做好护肤隔离，如使用珍珠膜，独特的"南珠翠膜"在肌肤上形成一层0.001mm珍珠膜，可以有效防止污染环境的侵害和辐射；使用电脑后，脸上会吸附不少电磁辐射的颗粒，要及时用清水洗脸，这样将使所受辐射减轻70%以上！

第三，操作电脑时最好在显示屏上安一块电脑专用滤色板以减轻辐射的危害，室内不要放置闲杂金属物品，以免形成电磁波的再次发射。使用电脑时，要调整好屏幕的亮度，一般来说，屏幕亮度越大，电磁辐射越强，反之越小。不过，也不能调得太暗，以免因亮度太小而影响效果，且易造成眼睛疲劳。

第四，应尽可能购买新款的电脑，一般不要使用旧电脑，旧电脑的辐射一般较厉害，在同距离、同类机型的条件下，一般是新电脑的1~2倍。

第五，电脑摆放位置很重要。尽量别让屏幕的背面朝着有人的地方，因为电脑辐射最强的是背面，其次为左右两侧，屏幕的正面反而辐射最弱。以能看清楚字为准，要有50~75厘米的距离，这样可以减少电磁辐射的伤害。

第六，注意室内通风：科学研究证实，电脑的荧屏能产生一种叫溴化二苯并呋喃的致癌物质。所以，放置电脑的房间最好能安装换气扇，倘若没有，上网时尤其要注意通风。

第七，注意酌情多吃一些胡萝卜、豆芽、西红柿、瘦肉、动物肝等富含维生素A、C和蛋白质的食物等等。

第八，经常在电脑前工作的人常会觉得眼睛干涩疼痛，所以，在电脑桌上放几根香蕉很有必要，香蕉中的钾可帮助人体排出多余的盐分，让身体达到钾钠平衡，缓解眼睛的不适症状。此外，香蕉中含有大量的β胡萝卜素，当人体缺乏这种物质时，眼睛就会变得疼痛、干涩、眼珠无光、失水少神，多吃香蕉不仅可减轻这些症状，还可在一定程度上缓解眼睛疲劳，避免眼睛过早衰老。

怎样用电脑最环保？

1. 避免长时间连续操作电脑，注意中间休息。要保持一个最适当的姿势，眼睛与屏幕的距离应在50~75厘米，使双眼平视或轻度向下注视荧光屏。

2. 室内要保持良好的工作环境，如舒适的温度、清洁的空气、合适的阴离子浓度和臭氧浓度等。

3. 电脑室内光线要适宜，不可过亮或过暗，避免光线直接照射在荧光屏上而产生干扰光线。工作室要保持通风干爽。

4. 电脑的荧光屏上要使用滤色镜，以减轻视疲劳。最好使用玻璃或高质量的塑料滤光器。

5. 安装防护装置，削弱电磁辐射的强度。

6. 注意保持皮肤清洁。电脑荧光屏表面存在着大量静电，其集聚的灰尘可转射到脸部和手部皮肤裸露处，时间久了，易发生斑疹、色素沉着，严重者甚至会引起皮肤病变等。

7. 注意补充营养。电脑操作者在荧光屏前工作时间过长，视网膜上的视紫红质会被消耗掉，而视紫红质主要由维生素 A 合成。因此，电脑操作者应多吃些胡萝卜、白菜、豆芽、豆腐、红枣、橘子以及牛奶、鸡蛋、动物肝脏、瘦肉等食物，以补充人体内维生素 A 和蛋白质。要多饮些茶，茶叶中的茶多酚等活性物质会有利于吸收与抵抗放射性物质。

知识点

电脑辐射

电脑辐射主要就是指电磁辐射，电磁辐射通常以热效应、非热效应和刺激对机体产生生物作用。电脑对人类健康的隐患，从辐射类型来看，主要包括电脑在工作时产生和发出的电磁辐射（各种电磁射线和电磁波等）、声（噪音）、光（紫外线、红外线辐射以及可见光等）等多种辐射"污染"。

因为电脑有一定的辐射源，会直接影响到人体的内分泌系统的紊乱，从而使皮肤代谢不规律等。加上电脑有磁性，会聚积一些灰尘和不洁的空气，这些都会影响到皮肤的质量和加剧皮肤的老化程度，它还会使皮肤变黑。近年来，人们也渐渐发现，电脑显示器背景光也成为了伤害我们眼睛的罪魁祸首。特别是其中的高能短波蓝光对眼睛的伤害更是超过了紫外线和电磁辐射。

延伸阅读

正确使用电脑及打印机

1. 不用电脑时以待机代替屏幕保护

不用电脑时以待机代替屏幕保护，每台台式机每年可省电 6.3 千瓦时，相应减排二氧化碳 6 千克；每台笔记本电脑每年可省电 1.5 千瓦时，相应减排二氧化碳 1.4 千克。如果对全国保有的 7700 万台电脑都采取这一措施，那么每年可省电 4.5 亿千瓦时，减排二氧化碳 43 万吨。

2. 用液晶电脑屏幕代替 CRT 屏幕

液晶屏幕与传统 CRT 屏幕相比，大约节能 50%，每台每年可节电约 20 度，相应减排二氧化碳 19.2 千克。如果全国保有的约 4000 万台 CRT 屏幕都被液晶屏幕代替，每年可节电约 8 亿千瓦时，减排二氧化碳 76.8 万吨。

3. 调低电脑屏幕亮度

调低电脑屏幕亮度，每台台式机每年可省电约 30 千瓦时，相应减排二氧化碳 29 千克；每台笔记本电脑每年可省电约 15 千瓦时，相应减排二氧化碳 14.6 千克。如果对全国保有的约 7700 万台电脑屏幕都采取这一措施，那么每年可省电约 23 亿千瓦时，减排二氧化碳 220 万吨。

4. 不使用打印机时将其断电

不使用打印机时将其断电，每台每年可省电 10 千瓦时，相应减排二氧化碳 9.6 千克。如果对全国保有的约 3000 万台打印机都采取这一措施，那么全国每年可节电约 3 亿千瓦时，减排二氧化碳 28.8 万吨。

合理利用纸张

重复使用教科书

重复使用教科书，是大势所趋，减少一本新教科书的使用，可以减少耗纸约 0.2 千克，节能 0.26 千克标准煤，相应减排二氧化碳 0.66 千克。如果

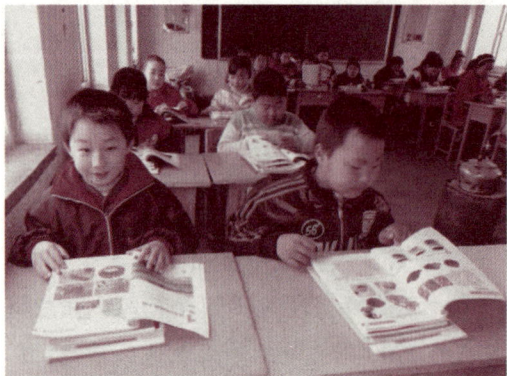

教科书重复使用

全国每年有三分之一的教科书得到循环使用，那么可减少耗纸约20万吨，节能26万吨标准煤，减排二氧化碳66万吨。

纸张双面打印、复印

纸张双面打印、复印，既可以减少费用，又可以节能减排。如果全国10%的打印、复印做到这一点，那么每年可减少耗纸

约5.1万吨，节能6.4万吨标准煤，相应减排二氧化碳16.4万吨。

用电子书刊代替印刷书刊

如果将全国5%的出版图书、期刊、报纸用电子书刊代替，每年可减少耗纸约26万吨，节能33.1万吨标准煤，相应减排二氧化碳85.2万吨。

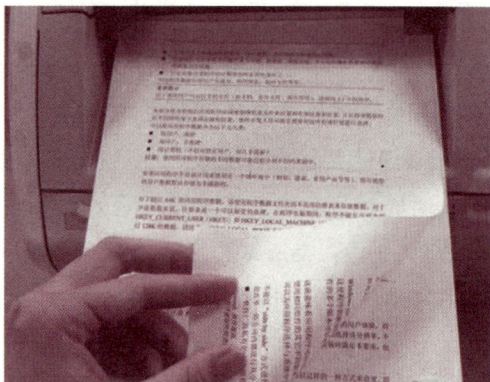

双面用纸

用电子邮件代替纸质信函

再生纸制品

在互联网日益普及的形势下，用1封电子邮件代替1封纸质信函，可相应减排二氧化碳52.6克。如果全国1/3的纸质信函用电子邮件代替，那么每年可减少耗纸约3.9万吨，节能5万吨标准煤，减排二氧化碳12.9万吨。

使用再生纸

使用感应节水用原木为原料生产 1 吨纸，比生产 1 吨再生纸多耗能 40%。使用 1 张再生纸可以节能约 1.8 克标准煤，相应减排二氧化碳 4.7 克。如果将全国 2% 的纸张使用改为再生纸，那么每年可节约 45.2 万吨标准煤，减排二氧化碳 116.4 万吨。

知识点

再生纸

再生纸是以废纸做原料，将其打碎、去色制浆，经过多种工序加工生产出来的纸张。其原料的 80% 来源于回收的废纸，因而被誉为低能耗、轻污染的环保型用纸。城市废纸多种多样，以不同类别的废纸为原料再制成不同的再生复印纸、再生包装纸等。一般可以分为两大类：一类是挂面板纸、卫生纸等低级纸张；另一类是书报杂志、复印纸、打印纸、明信片和练习本等用纸。

目前，许多国家已经生产和使用这两类纸张。其中，生产再生复印纸的原料就是办公用纸、胶版书刊及装订用纸等几类原本纸质就相对较好的城市废纸，其生产过程要经过筛选、除尘、过滤、净化等工序，工艺和科技的含量很高。

延伸阅读

使用再生纸＝办公室植树

大力发展绿色印刷、绿色包装，是发展循环经济的本质要求，是建立资源节约型社会、促进人与自然和谐发展的有力举措。印刷界都要从战略的高度去认识，用全局的视野去把握印刷与环保发展循环经济的重要性和紧迫性，进一步增强自觉性和责任感。

据统计，1 吨废纸可以再造好纸 850 千克，相当于少砍 17 棵大树，节水 100 吨，节煤 1~2 吨，节电 600 度，还可以减少 35% 的水污染……但制造 1 吨纸需砍伐约 20 棵树龄在 20—40 年的树木。如果把今天世界上所用办公纸张的一半加以回收利用，就能满足新纸需求量的 75%，相当于 800 万公顷森林可以免遭砍伐。

据绿色和平组织计算，相比使用 1 吨全木浆纸张，使用 1 吨 100% 再生纸可减少 11.37 吨二氧化碳排放！

■■■ 购买绿色产品

什么是绿色产品

绿色产品是指生产过程及其本身节能、节水、低污染、低毒、可再生、可回收的一类产品，它也是绿色科技应用的最终体现。绿色产品能直接促使人们消费观念和生产方式的转变，其主要特点是以市场调节方式来实现环境保护为目标。公众以购买绿色产品为时尚，促进企业以生产绿色产品作为获取经济利益的途径。

为了鼓励、保护和监督绿色产品的生产和消费，不少国家制定了"绿色标志"制度。我国农业部于 1990 年率先命名推出了无公害"绿色食品"。至今，绿色产品已经涉及人们生活的各个方面。但是，绿色产品的价格是普通的同类产品的好几倍。

绿色产品的分类

绿色产品可以从不同的角度进行分类，例如可按与原产品区分的程度分为改良型、改进型，也可按对环保作用的大小，按"绿色"的深浅来划分。"绿色"是一个相对的概念，很难有一个严格的标准和范围界定，它的标准可以由社会习惯形成，社会团体制定或法律规定。但按国际惯例的话，一般来说，只有授予绿色标志的产品才算是正式的绿色产品。

由于各国确定的产品类别各不相同，规定的标准也有所差别。以德国为例，对该国的绿色产品分类做一简介：德国是世界上发展绿色产品最早的国家。德国的绿色产品共分为 7 个基本类型，下面列举这 7 个基本类型中的一些重点产品类别：

1. 可回收利用型。包括经过翻新的轮胎，回收的玻璃容器，再生纸，可复用的运输周转箱（袋），用再生塑料和废橡胶生产的产品，用再生玻璃生产的建筑材料，可复用的磁带盒和可再装上磁带盘，用再生石制的建筑材料等等。

2. 低毒低害的物质。包括低污染油漆和涂料，粉末涂料，锌空气电池，不含农药的室内驱虫剂，不含汞和镉的锂电池，低污染灭火剂等等。

绿色食品标识

3. 低排放型。包括低排放的雾化燃烧炉，低污染节约型燃气炉，凝气式锅炉；等等。

4. 低噪声型。包括低噪声割草机，低噪声摩托车，低噪声建筑机械，低噪声混合粉碎机，低噪声低烟尘城市汽车等等。

5. 节水型。包括节水型清洗槽，节水型水流控制器，节水型清洗机等等。

6. 节能型。包括燃气多段锅炉和循环水锅炉，太阳能产品及机械表，高隔热多型玻璃等等。

7. 可生物降解型。包括以土壤营养物和调节剂合成的混合肥料，易生物降解的润滑油、润滑脂等等。

知识点

石　棉

　　石棉又称"石绵"，为商业性术语，指具有高抗张强度、高挠性、耐化学和热侵蚀、电绝缘和具有可纺性的硅酸盐类矿物产品。它是天然的纤维状的硅酸盐类矿物质的总称。下辖两类共计六种矿物（有蛇纹石石棉、角闪石石棉、阳起石石棉、直闪石石棉、铁石棉、透闪石石棉）。石棉由纤维束组成，而纤维束又由很长很细的能相互分离的纤维组成。石棉具有高度耐火性、电绝缘性和绝热性，是重要的防火、绝缘和保温材料。

延伸阅读

正确理解绿色消费

第一，绿色消费并非"消费绿色"

　　很多消费者一听到绿色消费这个名词的时候，很容易把它与"天然"联系起来，这样就形成了一个误区——绿色消费变成了"消费绿色"。有的人非绿色食品不吃，但珍稀动物也照吃不误；非绿色产品不用，但是塑料袋却随手乱丢；家居装修时非绿色建材不用，装修起来却热衷于相互攀比。他们所谓的绿色消费行为，只是从自身的利益和爱好出发，而并不去考虑对环境的保护，违背了绿色消费的初衷。

　　真正意义上的绿色消费，是指在消费活动中，不仅要保证人类的消费需求和安全、健康，还要满足以后的人的消费需求和安全、健康。尼泊尔是生态旅游搞得比较成功的国家。旅游者在进入风景区以前，随身所携带的可丢弃的食品包装必须进行重量核定，如果旅游者背回来的垃圾没有这么多，会遭到罚款。每个游客只允许携带一个瓶装水或可以再次装水的瓶子，而在山上，瓶装水是不准许出售的。

第二，"绿色"不意味着"天然"

"绿色"的涵义是：给人民身体健康提供更大更好的保护，舒适度有更大的提高，对环境影响有更多的改善。绿色消费不是消费"绿色"，而是保护"绿色"，即消费行为中要考虑到对环境的影响并且尽量减少负面影响。如果沿着"天然就是绿色"的路走下去的话，结果将是非常可怕的。比如：羊绒衫的大肆流行，掀起了山羊养殖热，而山羊对植被的破坏力惊人，会给生态造成巨大的破坏。因此，绿色消费必须是以保护"绿色"为出发点。

第三，"绿色消费"反对攀比和炫耀

随着生产力的发展和社会的进步，人的消费动机日益呈现出多元化的趋势。这本不是坏事。但是，在日常生活中，不少人热衷于相互攀比，追求奢侈豪华，以示炫耀。他们竞相追逐新鲜的、奇特的、高档的、名牌的商品，其行为可谓"醉翁之意不在酒"，而在于那些商品的社会象征意义。由此容易形成浮华的世风，刺激人们超前消费和过度消费。

第四，"绿色消费"反对危害人和环境

绿色消费主张食用绿色食品，不吃珍稀动植物制成品，少吃快餐，少喝酒，不吸烟。消费绿色食品有利于人体健康，可以促进有机农业的发展，减少化肥和农药的使用。保护珍稀动植物有利于维护物种的多样性，多样性意味着稳定性，稳定性意味着可持续发展。吸烟和酗酒除了危害人体健康，还影响空气质量和粮食供应。

第五，"绿色消费"尤其反对过度消费

过度消费不仅增加了资源索取和环境的污染荷载，而且助长了人的消费主义和享乐主义。工业化国家比较普遍地存在着过度消费。

绿色购物新时尚

自备购物袋或重复使用塑料袋购物

塑料的原料主要来自不可再生的煤、石油、天然气等矿物能源，节约塑料袋就是节约地球能源。我国每年塑料废弃量超过100万吨，"用了就扔"

环保购物袋

的塑料袋不仅造成了资源的巨大浪费，而且使垃圾量剧增。

购买本地的产品

购买本地的产品能减少在产品运输时产生的二氧化碳。例如：根据环境、食品和乡村事务部公布的一份报告，在英国，8%从车子释放的二氧化碳来自运送非本地产品的车辆。

购买季节性的产品

购买季节性的水果和蔬菜能减少温室生长的农作物的数量。很多温室都消耗大量的能源来种植非季节性的产品。

一方水土养一方人，本地的食品最适合当地人食用。本地生产的其他商品，维修保养方便且成本低廉。季节性的食品是在最适宜该物种生长的自然生态下成熟的，最富营养，同时也少有各种催生的添加品。而反季节食品不仅价格贵而且营养较少，添加的农药、化肥和催生剂也危害健康。

减少肉、蛋、奶等动物性食品的采购

地球上人为产生的温室气体，畜牧业排放的甲烷就占37%，氧化亚氮占65%（平均以100年为单位，甲烷和氧化亚氮的暖化效能分别是二氧化碳的25倍和298倍）。肉类的生产、包装、运输和烹饪所消耗的能量比植物性食物要多得多，并且植物性食物也更有利于健康。

少用一次性制品

商场里充斥着一次性用品：一次性餐具、一次性牙刷、一次性雨衣、一次性签字笔……一次性用品给人们带来了短暂的便利，却给生态环境带来了灾难。它们加快了地球资源的耗竭，所产生的大量垃圾造成环境污染。以一次性筷子为例，我国每年向日本和韩国出口约 150 万立方米，需要损耗 200 万平方米的森林资源。

不要掉进奢侈品的陷阱

越时尚的商品，更新换代的速度越快。无论是电子产品还是时髦的服装，商家通过不断地推陈出新，刺激人们的购买欲。那些追求奢侈品消费的"月光族"和"车奴"、"卡奴"，不仅浪费资源，还使自己套上了沉重的经济枷锁，究竟是富人还是"负人"，只能冷暖自知。

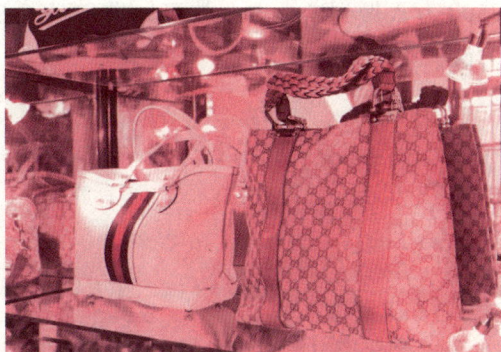
奢侈品

过度包装

过度包装

注意购买包装简单的产品，这代表在包装的生产过程中，消耗了较少的能量。减少了送往垃圾填埋地的垃圾，也减少了消费者的经济负担。

使用再循环材料的好处

比起用原始材料制造的产品，用再循环材料制造的产品，一般消耗较少的能源。例如，使用回收钢铁来生产所消耗的能源比使用新的钢铁少 75%。全球变暖给我们敲响了警钟，地球，正面临巨大的挑战。保护地球，就是保护我们的家。

少买不必要的衣服

服装在生产、加工和运输过程中，要消耗大量的能源，同时产生废气，废水等污染物。在保证生活需要的前提下，每人每年少买一件不必要的衣服可节约 2.5 千克标准煤，相应减排二氧化碳 6.4 千克。如果全国每年有 2500 万人做到这一点，就可以节能约 6.25 万吨标准煤，减排二氧化碳 16 万吨。

知识点

氧化亚氮

氧化亚氮即一氧化二氮，俗称笑气，无色有甜味气体，是一种氧化剂，化学式 N_2O，在一定条件下能支持燃烧（同氧气，因为笑气在高温下能分解成氮气和氧气），但在室温下稳定，有轻微麻醉作用，并能致人发笑。其麻醉作用于 1799 年由英国化学家汉弗莱·戴维发现。有关理论认为 N_2O 与 CO_2 分子具有相似的结构（包括电子式），则其空间构型是直线型，N_2O 为极性分子。2009 年 8 月份，美国一项最新研究显示，这种无色有甜味的气体已经成为人类排放的首要消耗臭氧层物质。现在主要用于表演。

延伸阅读

出口一次性筷子——消耗珍稀资源

在日本的各大餐馆、食堂处处可见一次性筷子。日本全年一次性筷子的消耗量约为 257 亿双，人均消费 200 双左右。同时，日本国内一次性筷子的产量仅占 3% 左右，其余 97% 都是依靠进口，其中从中国进口的一次性筷子占全部进口量的 99%。这就是说，日本约 96% 的一次性筷子来自中国。

中国的一次性筷子对日出口虽然给一些地方带来了收入，也创造了一定的就业机会，但同时也应该看到这项产业给中国带来的问题。如果按一棵成年树木能够生产出一万双筷子计算，那么中国对日出口的 200 多亿双一次性筷子至少需要 200 多万棵树，需要砍伐掉数万平方千米的森林。与日本国内所采用的"间伐"方式不同，中国的森林采伐大都是采用"一采光"式的砍伐方式，应该说这是对现有森林资源的一种毁灭性的采伐。由于后续植树工作乏力，原本是可再生的森林资源就变成了一次性资源。这对我国的林业资源是极大的浪费。

中国对日出口一次性筷子是最典型的发展中国家的经济发展模式，即为了发展经济进行资源出口型的生产开发，资源过度开发最终导致环境遭到破坏。当年曾对日出口一次性筷子的许多国家都曾有过这样的经历。许多国家都是因为森林资源枯竭才不得不退出这一市场竞争的。在中国的一次性筷子大量进入日本时，日本国内的一些生产企业也向政府提出过诸如限制从中国进口的建议。日本政府虽然曾在 1995 年、1996 年先后对进口牛肉和猪肉采取过限制措施，但在一次性筷子问题上，日本政府却从 1999 年年初开始把进口关税由原来的 5.2% 下调到 4.7%，这也反映了日本政府对带有破坏他国资源性质的进口问题所持的态度。

为了满足对日出口的需求，中国的制筷企业不得不消耗掉大量木材，中国北方森林因此正在遭到破坏。这就意味着日本在对他国资源进行掠夺。关于中国对日出口一次性筷子的问题，日本政府林野厅虽然一再坚持，利用建设用木材的下脚料和"间伐"木材为原料生产一次性筷子，不是在破坏森林资源，而是在促进有效利用森林资源，但这或许在日本是可行的，放在中国可能就是另外一回事。因为如果按"间伐"和利用下脚料的方式生产，无疑会增加生产成本，中国企业可能会退出对日出口一次性筷子的队伍。

伴随着隆隆的电锯声，一株株的参天大树轰然倒地，一双双的一次性筷子被送上餐桌……

节能环保人人有责

社会的进步，生产的发展，为我们的生活带来了极大的方便与快乐，改善了人类的生活居住环境，显示了人类文明的进步与发展。但另一方面，我们也看到了更残酷的事实：地球上的固有能源在一天天地减少，环境在一天天地遭受着污染，地球的生态在遭受着破坏，我们的身心健康也正在受到极大的威胁。为了经济和社会文明的发展，过度开采及工业发展，长期以来已经严重地破坏了地球的生态，我们干净美丽的地球村也日益变得污浊和混乱。

就电力方面来讲，目前，我国60%的用电都来自于火力发电，然而火力发电却对生态环境构成了极大的破坏，火力发电严重污染了空气，加重了环境破坏；工业生产导致全球温度变暖，改变了地球的生态环境和人类的居住条件；生产所引起的固体废物污染、水污染及其他连锁污染，也严重地破坏了生态平衡，并对人体产生了极大的危害；工业生产污染导致酸雨的形成，严重影响了农业和畜牧业的发展。

水力发电虽然洁净，却也对人类环境构成了威胁。水力发电需要筑坝拦截水源，其导致水灾的事例已时有发生，为此还要发动居民搬迁，既造成了人员的动荡不安，也增加了国家的经济负担，而且拦截水源，破坏了生物多样性，改变了河流的生态。不但造成污染，而且加重浪费，破坏生态平衡，不利于我国绿色可持续发展社会的建立。

而各种原因引起的大气污染也在严重影响着人们的身心健康。据调查，在低浓度空气污染物的长期作用下，可引起上呼吸道炎症、慢性支气管炎、支气管哮喘及肺气肿等疾病。并且，冠心病、动脉硬化、高血压等心血管疾病的重要致病因素之一也是空气污染。癌症，尤其是肺癌的多发，更与空气污染有密切的关系。

另外，空气污染还会降低人体的免疫功能，使人的抵抗力下降，从而诱发或加重多种其他疾病的发生。大气污染对农业、林业、牧业生产的危害也十分严重。一般植物对二氧化硫的抵抗力都比较弱，少量的二氧化硫气体就能影响植物的生长机能，发生落叶或死亡现象。在一些有色金属冶炼厂或硫酸厂的周围，由于长期受二氧化硫气体的危害，树木大都枯死。工厂排出的含氟废气除了污染农田、水源外，对畜牧业也有很大的影响。

我国"十一五"规划中，将节能环保列入了重要位置，把建设节约型社会、积极推进循环经济作为编制"十一五"环保规划的重要指导原则。"十一五"规划是全国人民代表大会批准的，目标很明确：单位 GDP 能耗要降低 20%，排污总量要减少 10%，森林覆盖率要从 18.3% 增加到 20%，这个任务相当艰巨。

人类只有一个地球，它是人类生命的根源，是我们共同的家园，作为地球村的成员，我们有责任

节能环保宣传活动

也有义务，从生活中的一点一滴做起，节约能源，保护环境，减少污染，共同维护我们美好的家园。

节约能源，举手之劳；绿色环保，义不容辞；从我做起，从点滴做起。

1. 在日常工作和生活中，我们每个人都应该主动增强危机意识、节约意识与环保意识，从多方面努力学习，加强对环境保护及节约能源方面知识的学习，充分认识到我国资源短缺危机，了解节能环保对国家及个人的真正意义，真正树立起节能环保意识。

2. 尽量选用高效环保节能灯，虽然前期投资偏高，但从长期发展来看，却是既节约了投资成本，又为国家的节约用电作出了贡献。因为第四代照明光源——新型 LED 绿色光源，在同等亮度下，其耗电量仅为普通白炽灯的十分之一，而寿命却是白炽灯的 50 倍。

3. 日常生活中，尽可能选择使用太阳能绿色环保型新能源，比如太阳能发电器、太阳灶、太阳能灯、太阳能帽、太阳能手电筒、太阳能干燥器、太阳能热水器、地板采暖系统等，太阳能系列环保绿色产品具有环保、节能、安全、方便、使用寿命长，一次投资，长期受益的显著优点，既有利于节约国家能源，又实现了绿色可持续的发展，引导节能环保生活的新时尚。

4. 首先要时时刻刻注意节约用电，电是我们每天甚至每时每刻都会用到的东西，电的应用及浪费占据了我们生活的绝大部分。因此我们要做到随手

关灯，在光线充足时尽量关闭照明电源或减少照明电源的数量，不要因为是国家的或是集体的，就不知珍惜，随意浪费，我们每个人与国家和集体，都是一荣俱荣、一损俱损的关系，爱自己就要爱集体，将节约用电升华到为祖国节能，为人民服务的思想境界，做到人走灯灭，不留长明灯。

5. 在我们的日常生活或工作中，当空调或电脑等用电器可能超过一个小时停用时，要将其正常关闭，并拔掉电源插头。因为关机后如果不把插头拔掉，待机同样耗电。据统计，一台电脑主机耗电 5 瓦、显示器 5 瓦、音箱 10 瓦、小猫（调制解调器）3 瓦，不算打印机、扫描仪等其他不常用的设备，合起来就是 23 瓦。一晚上至少待机 10 小时，那么一个月下来，就有 7 度电在不知不觉中流失了。还有一个简单的技巧，就是在你离开的时候，把显示器关掉。因为根据测算，显示器的耗电量要占整个电脑系统的三分之一左右，把它关掉，相当于省下了一台 25 寸电视机的耗电量。节约用电，不仅在使用时注意，更要避免在不使用时造成的待机耗电。

6. 我们在使用空调前，应先开窗通风，空调开启后不要随便打开门窗。夏天的温度尽量控制在 26℃～28℃ 之间，据检测，制冷时温度每降低两度或取暖时温度每升高两度，耗电量平均将增加一倍。经常清洗滤网，也可以起到一定的节能降耗的作用。

7. 专家们指出，就目前到处存在浪费水资源的情况来说，运用今天的技术和方法，农业可以减少 10%～50% 的需水，工业可以减少 40%～90% 的需水，城市减少 30% 需水，都丝毫不会影响经济和生活质量的水平。因此，我们也要注意节约用水，用完后要随手关闭水龙头，"细水长流"，极其浪费，坏掉漏水的水龙头要及时维修，以避免过多的浪费，在可能的情况下尽量一水多用，时时刻刻提醒自己，做到时时节约，事事节约，并要积极倡导和监督周围的人。

8. 要注意爱护森林资源，节约用纸，复印纸尽量两面用，少用一次性用品，如塑料袋、一次性筷子、饭盒等，自带餐具，减少白色污染，爱护花草树木，保护国家资源，节约地球现有能源。

9. 做好计划统计，尽量一物多用，学会旧物巧利用，变废为宝，让有限的资源延长寿命。节约使用不可再生能源，合理应用可再生能源，全面提高自己的节能环保意识，养成勤俭节约的好习惯。

10. 工业发展上，要合理改善能源结构，尽量使用绿色可持续发展能源，选择节能、环保、安全、方便的能源，个人或家庭，要选用节能环保型产品。不仅节约了自己的开支，更为国家的环保节能工作多贡献一份力量。

11. 有车的朋友，开车时，尽量不要原地热车，不要急刹车，保持速度，并对车辆及时检修，保证其废气排放量达到国家标准，维持良好性能，减少能源耗费和废气污染。

12. 我们国家有关大气污染方面，对未划定为禁止使用高污染燃料区域的大、中城市市区内的其他民用炉灶，限期改用固硫型煤或者使用其他清洁能源。所以我们每个人也应注意，不要随便燃烧污染性较强的物品。

13. 垃圾应按照国家规定统一处理，注意分拣。在我们的生活中，随处可见不少垃圾都是就地焚烧，因垃圾中有很多燃烧后会产生有毒气体的物品，如塑胶物品，燃烧时刺鼻的气味，不但影响我们的正常生活，更危害了我们的身体健康。因此，我们不但要自己做到不随便就地焚烧垃圾，也要做到及时纠正和规劝别人的这种行为。

14. 人人尽力，避免噪声污染，做到不大声喧哗，不在市内鸣笛，为尽量不产生噪声，共同努力，营造安静舒适的生活和工作环境。噪声级为 30～40 分贝是比较安静的正常环境；超过 50 分贝就会影响睡眠和休息。由于休息不足，疲劳不能消除，正常生理功能会受到一定的影响；70 分贝以上的噪声干扰谈话，造成人们心烦意乱，精神不集中，影响工作效率，甚至发生事故；长期工作或生活在 90 分贝以上的噪声环境中，会严重影响人们的听力和导致其他疾病的发生。

15. 要做到不要将未经处理的工业或生活污水随意排出。要按照国家工业或家庭小区规定，来进行污水的排放和处理。水是我们生活中方方面面都可能随时用到的东西，水的洁净与否，与人体的健康有着直接的联系。水污染后，通过饮水或食物链，污染物进入人体，使人急性或慢性中毒。砷、铬、铵类等，还可诱发癌症。被寄生虫、病毒或其他致病菌污染的水，会引起多种传染病和寄生虫病。因此，我们要时时注意自己的一举一动，可能我们今天的大意，就会造成明天的危害。

16. 养成不随地吐痰，不乱扔垃圾的好习惯，因为粉尘污染物分解后，会随着空气被吸入人体，将对人体产生很大的危害。另外，要注意回收废旧电池和纸张，尽量减少污染。

17. 请选用环保建材装修居室。很多人在住进新装修的房子后，会感到头痛、恶心等，这都是装修过程中所造成的污染引起的（如使用了含苯等有害物质超标的材料）。因此，在装修时要尽量使用环保材料。

18. 拒用野生动物制品。如不穿珍稀动物皮毛服装，尽量穿天然织物；拒食野生动物；在野外旅游，不偷猎野生动物等等。维护地球生态平衡，保护环境。

19. "节约能源，保护环境，人人有责。"这不只是一句口号，更要付诸于实践，每个人都要从自身做起，从现在做起，从生活中的一点一滴做起。

20. 做到主动宣传与加强节能环保意识，积极加强对自己和他人的监督，努力在日常实践中为周围的人们树立起节能环保的好榜样。

美丽的地球，安宁的生活，洁净的环境，是我们建设文明小康社会的必要条件，是我们创造美好生活的有力保障，保护环境，人人有责。

日常生活中尽量避免水污染、大气污染、固体废物污染、噪声污染等，努力做好绿色环保工作；注意节约用水、节约用电、节约粮食、节约生活中的每一件物品，充分实现节能降耗的真正意义。

"节约环保你我他，造福子孙千万家"，今天你我的努力，将是明天祖国的辉煌。可持续发展是一个长期的战略目标，需要人类世世代代的共同奋斗。现在是从传统增长到可持续发展的转变时期，因而最近几代人的努力是成功的关键。我们每个人都必须从现在做起，坚定不移地沿着可持续发展的道路走下去。每个人都应积极响应国家的号召，努力实现绿色可持续发展，共享白云蓝天。

请大家积极响应倡议，就从现在开始，从一点一滴做起，努力为节能环保，"多尽一份心，多出一份力"。

知识点

GDP（2）

GDP 即英文 gross domestic product 的缩写，也就是国内生产总值，（港台地区有翻译为国内生产毛额、本地生产总值）。通常对 GDP 的定义为：一定时期内（一个季度或一年），一个国家或地区的经济中所生产出的全部最终产品和提供劳务的市场价值的总值。在经济学中，常用 GDP 和 GNI（国民总收入，gross national Income）共同来衡量该国或地区的经济发展综合水平，是一个通用的指标。这也是目前各个国家和地区常采用的衡量手段。GDP 是宏观经济中最受关注的经济统计数字，因为它被认为是衡量国民经济发展情况最重要的一个指标。

延伸阅读

节能减排是空中楼阁吗

一些市民认为，节能减排的生活只是一种理论上的设想，对他们来说犹如空中楼阁，与他们的日常生活距离太远；也有市民认为，低碳生活是一项系统工程，仅依靠市民自身力量难以实现，与其这样，还不如按日常的生活方式继续过下去。

专家认为，城市居民长期以来形成的生活习惯和消费模式，在短时期内确实难以改变。在这种惯性下，推行低碳生活也可能会带来不便。但这些并不能成为市民拒绝低碳生活的理由，只要人们从细节入手，有改变的决心和愿望，低碳生活完全可以实现。

专家指出，在阻止全球变暖的行动中，不仅政府、企业需要制定有效的对策，每一个普通人都可以扮演重要的角色。从身边的点滴做起，减少个人碳足迹，在生活中培养低碳的生活方式，这不仅是当前社会的潮流，更是个人社会责任的体现。

　　在某市市政府的办公桌上，所有文件都是利用废纸背面打印的。不仅如此，他们还把一些空白稍微多一点的纸张做成便签纸，充分利用、决不浪费。不可否认，全球气候变化影响着我们的生活、生存环境，因此需要更多的人参与进来践行低碳的生活方式，为保护环境献一份力。从我们每个人做起，从社区居民、生活方式的改变做起。

　　实现低碳生活，市民能做的有很多，包括减少高碳能源消耗、绿色出行、垃圾物回收再利用等。低碳生活其实做起来很简单，洗澡水温度调低 1 度，每次洗澡可减少二氧化碳排放 35 克；做完饭随手关掉抽油烟机，每天少转 10 分钟，一年能省 12 千瓦时电。这些都是人们力所能及的。

　　联合国环境规划署曾对个人"低碳生活方式"提出了几项小建议，如把在电动跑步机上 45 分钟的锻炼改为到附近公园慢跑，可以减少将近 1000 克的二氧化碳排放量；不用洗衣机甩干衣服，而是让衣服自然晾干，可以减少 2300 克的二氧化碳排放量；休息时和下班后关闭电脑及显示器，除省电外还可以将这些电器的二氧化碳排放量减少三分之一等等。